Rueff

Mathematik
Grundlagen für die Mittelstufe
(Übungsblätter)

Mathematik

Grundlagen für die Mitelstufe

(Übungsblätter)

von Dr. Andreas Rueff

1. Auflage

Dr.-Ing. Dipl.-Phys. Andreas K. E. Rueff

Physik-Studium in Kaiserslautern, anschließend wissenschaftlicher Mitarbeiter am Leibniz-Institut für Neue Materialien in Saarbrücken, Promotion in Saarbrücken, anschließend Zusatzqualifikation zum Lehramt für Mathematik und Physik.

Bibliographische Information der Deutschen Nationalbibliothek

Die Deutsche Nationalbibliothek verzeichnet diese Publikation in der Deutschen Nationalbibliographie; detaillierte bibliographische Daten sind im Internet über http://dnb.d-nb.de abrufbar.

© 2017 Dr. Andreas Rueff, Kaiserslautern

Herstellung und Verlag: BoD - Books on Demand, Norderstedt
ISBN 978-3-744-869126

1. Auflage, 2017
Internetseite zum Heft: www.mathematik-sek1.jimdo.com

Das Werk einschließlich aller seiner Teile ist urheberrechtlich geschützt.

Jede Verwertung außerhalb der Grenzen des Urheberrechtsgesetzes ist ohne Zustimmung des Verlages und des Verfassers unzulässig und strafbar. Das gilt insbesondere für Vervielfältigungen, Übersetzungen, Mikroverfilmungen oder die Einspeicherungen und Verarbeitung in elektronischen Systemen.

Vorwort

Fundierte mathematische Kenntnisse sind für Schüler aller Schulformen von zentraler Bedeutung. Die Ausbildung zu fördern und die erworbenen Kenntnisse für den Gebrauch in der Schule und im Alltag griffbereit zu erhalten ist das Ziel des Nachschlagebuches "Mathematik - Grundlagen für die Mittelstufe". An der Vereinbarung von Bildungsstandards durch die Kultusministerkonferenz der Länder orientiert, soll es die wichtigsten mathematischen Themenbereiche der Mittelstufe zusammenfassen, aber auch nicht darüber hinausgehen. Die vorliegende **Aufgabensammlung** ist an den Inhalten des Nachschlagebuches angepasst und soll zur Übung der erlernten Inhalte einen Beitrag leisten. Zu den Aufgaben ist ebenfalls das Lösungsheft verfügbar.

Ergänzt wird das Aufgabenbuch durch zahlreiche Online-Rechentools und Lernvideos zu allen Bereichen der Schulmathematik und anderen physikalisch-technischen Bereichen auf der Homepage zum Buch.

Kaiserslautern, im Sommer 2017   A. Rueff

Inhalt

01 - Zahlensysteme
02 - Grundrechenarten
03 - Geometrie (Grundlagen 1)
04 - Geometrie (Grundlagen 2)
05 - Sachrechnen
06 - Winkel messen
07 - Rundrechenarten / Rechenvorteile
08 - Dezimalbrüche – Rechenausdrücke – Runden
09 - Sachrechnen
10 - Umfang, Fläche, Volumen
11 - Teiler und Vielfache
12 - Bruchteile
13 - Bruchrechnung
14 - Dezimalzahlen und Brüche
15 - Rechnen mit Dezimalzahlen
16 - Gleichungen, Prozent, Wahrscheinlichkeit, Stereometrie
17 - Ganze Zahlen $\mathbb{Z}$, Betrag, Intervalle
18 - Rationale Zahlen $\mathbb{Q}$, Terme
19 - Terme, Gleichungen
20 - Zuordnungen
21 - Bruchteile und Prozent
22 - Termumformungen, Binome
23 - Terme und Gleichungen
24 - Zinsrechnung
25 - Funktionen (1)
26 - Gleichungssysteme
27 - Geometrie (3) (Dreiecke)
28 - Geometrie (4) (Vierecke)
29 - Geometrie (5) (Prismen)
30 - Terme und Binome
31 - Gleichungen / Ungleichungen
32 - Gleichungen
33 - Funktionen (2)
34 - Ähnlichkeit, Strahlensätze
35 - Pythagoras
36 - Der Kreis
37 - Wurzeln
38 - Stereometrie
39 - Umkehrfunktion, Potenzen
40 - Quadratische Funktionen
41 - Quadratische Gleichungen
42 - Trigonometrie
43 - Wachstum und Abnahme (1)
44 - Wachstum und Abnahme (2)
45 - Wahrscheinlichkeit

Übungsblatt: Zahlensysteme

1) Bei einer Klassensprecherwahl wurde folgendes Ergebnis erzielt:
   Lisa 8 Stimmen, Paul 11 Stimmen, Jan 3 Stimmen, Lena 16 Stimmen
   Wie könnte die Strichliste bei der Klassensprecherwahl ausgesehen haben?

2) Welche Zahlen sind in den zwei Zahlengeraden markiert?

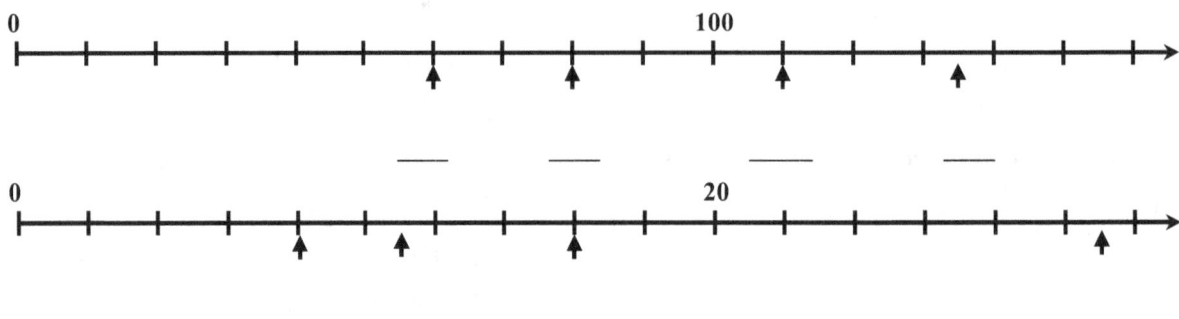

3) Zeichne einen Zahlenstrahl und markiere die folgenden Zahlen
   a. 3; 8; 12; 14
   b. 30; 50; 70; 85; 100
   c. 200; 500; 650; 725

4) Setze das richtige Zeichen ein (>, <, =):
   a) 56 ___ 65   b) 512 ___ 517   c) 555444 ___ 545599   d) 199999 ___ 288888

5) Fülle die Tabelle aus:

Vorgänger		43		
Zahl	345			1756
Nachfolger			2222	

6) Welche Zahlen sind in den Bildern dargestellt und wie lauten die nächsten 2 Zahlen?

7) Führe die Zahlenfolgen weiter:
   a) 8,16,24,32,40,____,____,____,____,...   b) 16,13,18,15,20,17,____,____,____,____,...

8) Erstelle eine Stellenwerttafel und trage die folgenden Zahlen ein und schreibe dann die
   Zahlen in Worten: a) 53   b) 6741   c) 765   d) 1234   e) 15800

9) Prüfe, ob richtig gerundet wurde. Setze ein Wahr (w) oder falsch (f)
   a) 327 ≈ 330 (__)   b) 5377 ≈ 5370 (__)   c) 43779 ≈ 44000 (__)
   d) 621309 ≈ 610000 (__)   e) 3459994 ≈ 4000000 (__)

10) Runde die Zahl 4 623 510
    auf a) Hunderter b) Tausender c) Zehntausender und d) Hunderttausender

11) Übertrage die Zahlen in unser Zahlensystem: a) XXV   b) DCLXVI   c) CMLXI   d) MCCXIV

Übungsblatt: Grundrechenarten

1) Berechne (Schreibe jeweils mindestens einen Zwischenschritt auf):

   a) $6293 \cdot 29 =$ b) $5^3 =$ c) $3753 : 9$ d) $25784 + 2568$ e) $478953 - 36840$

2) a) Berechne die Summe aus den Summanden 24 und 11
   b) Berechne die Differenz aus 87 und 54
   c) Berechne den Quotienten aus 81 und 9
   d) Wie heißen die Zahlen (Rechnung und Ergebnis) bei einer Multiplikation?

3) Fülle die Tabelle aus:

+	23	99	56
9			
16			
12			
3			

-	23	49	56
139			
126			
129			
237			

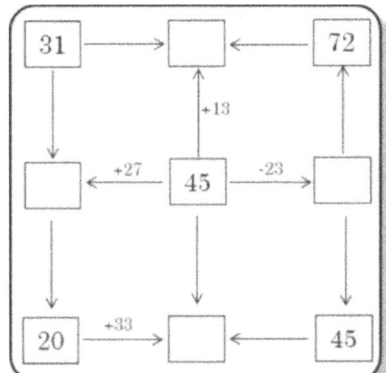

4) Ergänze die Lücken:

   a) $29 + _____ = 75$

   b) $_____ + 73 = 91$

5) Addiere die Zahlen schriftlich und runde das Ergebnis auf Hunderter.
   a. 24 568, 6 815, 6 123, 657, 12 879
   b. 3 871, 65, 7 890, 4 689
   c. 6 487, 92 211, 6 548, 31 123, 37 981, 3 578

6) Berechne den Rechenausdruck (Zwischenschritte aufschreiben!):

   a) $35 + 8 \cdot (3 + 4) =$

   b) $9 \cdot (22 - 11) =$

   c) $3 \cdot 17 + 3 \cdot 33 =$

7) Sind die Klammern in den folgenden Rechenausdrücken überflüssig oder nicht? Kreuze an: ☒

   a. $4 + (24 : 2) + 5 =$ b. $24 + (72 - 30) : 3 - 11 =$

   ja ☐   nein ☐   ja ☐   nein ☐

8) Bei einem Bundesligaspiel waren 22 000 Plätze verkauft worden. Die Zuschauer kamen durch 4 Eingänge ins Stadion. 4325 Zuschauer kamen durch den Eingang 1, 5120 kamen durch Eingang 2, 9012 kamen durch Eingang 3. Wie viele Zuschauer kamen durch Eingang 4 ins Stadion?

9) Berechne die Multiplikationspyramide:

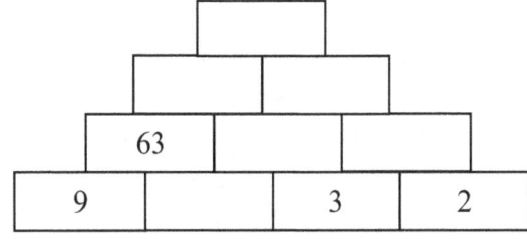

10) Gib jeweils einen Term an und berechne ihn:
   a) Berechne das 38fache der Zahl 265.
   b) Addiere zum Produkt der Zahlen 8 und 12 die Zahl 87.
   c) Multipliziere die Zahl 1693 mit der Summe der Zahlen 24,134 und 834.
   d) Multipliziere die Differenz der Zahlen 863 und 723 mit der Zahl 49.
   e) Addiere die Zahl 92 zum Produkt der Zahlen 14 und 73.
   f) Multipliziere die Summe der Zahlen 234, 32, und 62 mit der Summe der Zahlen 896 und 28.
   g) Dividiere die Zahl 95368 durch 8.
   h) Addiere zum Produkt der Zahlen 876 und 2398 das Produkt der Zahlen 9972 und 213.
   i) Dividiere die Differenz der Zahlen 987137 und 12902 durch die Summe der Zahlen 8 und 7.

11) Das Herz einen erwachsenen Menschen schlägt in der Minute etwa 75mal.
   a) Berechne die Zahl der Herzschläge in einer Stunde.
   b) Berechne die Zahl der Herzschläge an einem Tag.
   c) Berechne die Zahl der Herzschläge in einer Woche.
   d) Berechne die Zahl der Herzschläge in einen Monat (April).
   e) Berechne die Zahl der Herzschläge in einem Jahr.

12) Ein Arbeiter verdient in einer Stunde 9€. Er arbeitet in der Woche 38 Stunden.
   a) Berechne seinen Verdienst in einer Woche.
   b) Berechne seinen Verdienst in einem Monat (4 Wochen).
   c) In einer Firma arbeiten 9738 Arbeiter. Wie viel Lohn wird jeden Monat an die Arbeiter ausgezahlt?
   d) In einer Firma arbeiten 9738 Arbeiter. Wie viel Lohn wird in einem Jahr an die Arbeiter ausgezahlt?

13) Ein Angestellter zahlt pro Jahr einen Betrag von 1400€ in einem Bausparvertrag ein. Vom Staat erhält er zusätzlich in jedem Jahr noch eine Prämie von 500€. Nach welcher Zeit hat er einem Betrag von 34200€ Guthaben?

14) In einem Parkhaus sind 1280 Stellplätze. 48 Stellplätze sich durch Dauerparker belegt. Im Laufe des Vormittags sind 1687 Autos in das Parkhaus eingefahren und 521 Autos ausgefahren. Wie viele Plätze sind noch frei?

15) Eine Kassiererin bei „Uldi" hat in ihrer Kasse um 10 Uhr einen Betrag von 283€. Bis um 12 Uhr nimmt sie 523€ ein und gibt 136€ Wechselgeld aus, dann macht sie eine Mittagspause. Anschließend nimmt sie bis zum Ende ihrer Schicht noch 937€ ein und gibt 185€ Wechselgeld aus.
   a) Welchen Betrag hatte sie zur Mittagspause in der Kasse?
   b) Welchen Betrag hatte sie am Ende ihrer Schicht?

16) Auf dem Betzenberg waren bei einem Fußballspiel für die einzelnen Tribünen die folgende Anzahl an Karten verkauft worden:

   Stehplätze: 9730 Karten
   Sitzplätze (Nord): 5394 Karten
   Sitzplätze (Süd): 12730 Karten
   Sitzplätze (Ost): 8203 Karten

Eintrittskarten:
Stehplatz (Westtribüne): 12€
Sitzplatz (Nordtribüne): 40€
Sitzplatz (Südtribüne): 32€
Sitzplatz (Osttribüne): 21€

Wie viel hat der Verein bei diesem Spiel an Eintrittsgeldern eingenommen? Wie viele Zuschauer waren im Stadion?

Übungsblatt: Geometrie (Grundlagen 1)

Aufgabe 1: Beschrifte das Geodreieck

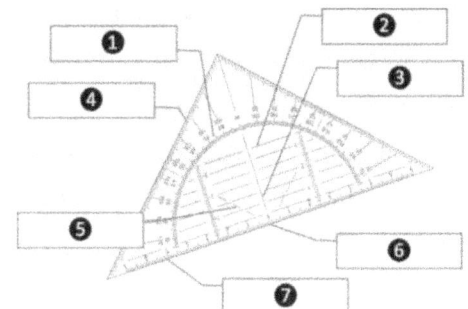

Aufgabe 2: Erkläre die geometrischen Grundbegriffe:
    a) Der Punkt   b) Die Strecke
    c) Die Gerade   d) Der Strahl

Aufgabe 3: a) Ordne die folgenden Linien den geometrischen Fachbegriffen zu.

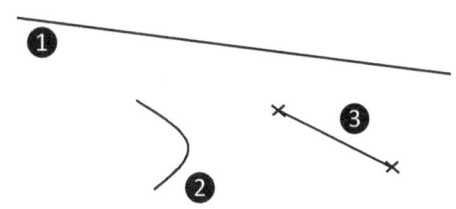
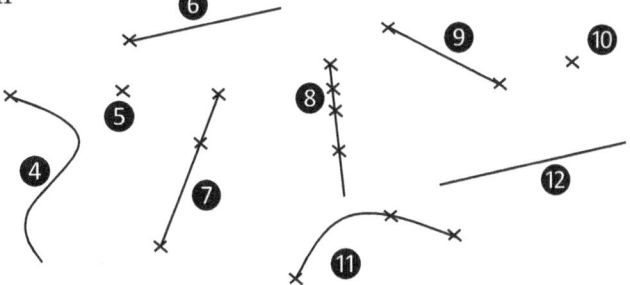

Aufgabe 4: Zeichne eine Strecke $\overline{AB} = 5,4 cm$

Aufgabe 5: a) Zeichne eine Gerade g durch zwei Punkte C und D.
            b) Zeichne dann eine zur Geraden g senkrechte Gerade h durch den Punkt C.
(Bezeichnungen nicht vergessen!)

Aufgabe 6: Untersuche die gegenseitige Lage der gezeichneten Geraden. Verwende die Kurzschreibweise.

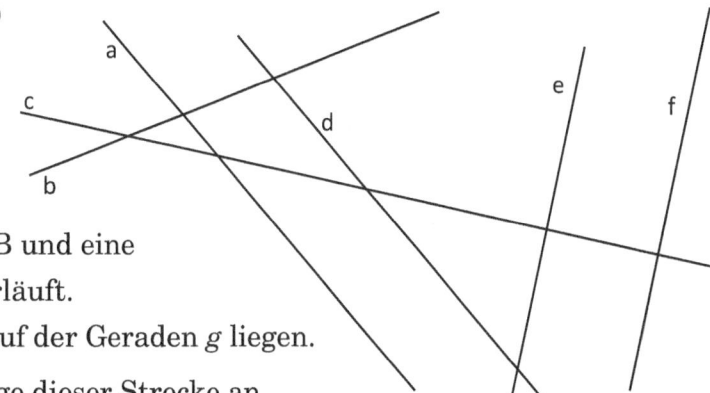

Aufgabe 7: a) Zeichne zwei Punkte A und B und eine Gerade g die durch diese beiden Punkte verläuft.
b) Zeichne zwei Punkte C und D die nicht auf der Geraden g liegen.
c) Zeichne die Strecke $\overline{CD}$ und gib die Länge dieser Strecke an.
d) Zeichne eine Gerade e, die auf der Geraden g senkrecht steht und durch den Punkt A verläuft.
e) Zeichne eine Gerade f, die auf der Geraden g senkrecht steht und durch den Punkt C verläuft.
f) Zeichne eine Gerade h, die parallel zur Geraden g ist und durch den Punkt C verläuft.
g) Bestimme den Abstand des Punktes C von der Geraden e.
(Die Lösung der Aufgabe 7 kann sehr unterschiedlich aussehen!)

Aufgabe 8: a) Bestimme den Abstand des Punktes A von der Geraden g.
b) Zeichne eine Gerade h im Abstand von 2 cm zur Geraden g.
c) Zeichne einen Punkt B mit einer Entfernung von 5 cm zum Punkt A.
d) Zeichne einen Punkt C mit einem Abstand von 4 cm zu g.

(Die Lösung der Aufgabe 8 kann sehr unterschiedlich aussehen!)

Aufgabe 9: a) Bestimme die Koordinaten der Punkte A, B, C und D im Koordinatensystem.
b) Zeichne eine Gerade *g* durch die Punkte A und B.
c) Zeichne einen Punkt E der auf der Geraden g liegt in das Koordinatensystem und bestimme seine Koordinaten.
d) Bestimme die Koordinaten des Schnittpunktes der Gerade *g* mit der y-Achse (Hochachse).

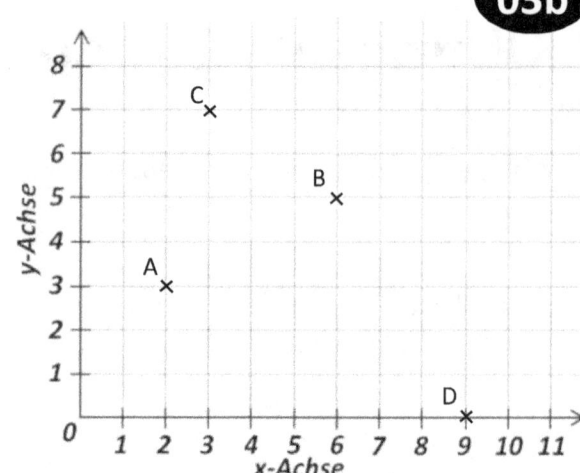

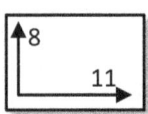
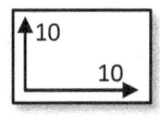

Aufgabe 10: Zeichne in ein Koordinatensystem die Punkte A(3|2), B(4|6) und C(6|0)

Aufgabe 11: a) Zeichne in einem Koordinatensystem eine Gerade g durch die Punkte A(2|1) und B(8|7).
b) Zeichne die Gerade h ein, die durch den Punkt C(1|8) verläuft und auf g senkrecht steht.
c) Gib den Punkt an, in dem die Gerade h die Rechtsachse (x-Achse) schneidet.

Aufgabe 12: Hier wurde nicht fertig gezeichnet!
Ergänze die Zeichnungen jeweils zu einem Quadrat.

a) 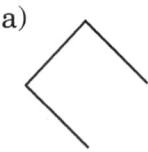   b)    c)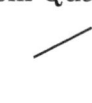

Ergänze die Zeichnungen jeweils zu einem Rechteck.

d) 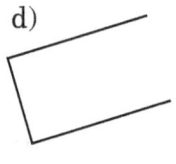   e)    f)    g)

Aufgabe 13: a) Zeichne ein Koordinatensystem mit der Einheit 0,5 cm (1 Kästchen). Beide Achsen sollen 10 cm lang sein.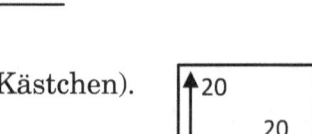
b) Zeichne in das Koordinatensystem die Punkte A(9|13); B(9|8); C(14|8) und einen vierten Punkt D, der mit den ersten drei ein Quadrat bildet. Zeichne das Quadrat und gib die Koordinaten von D an.
c) Zeichne in das Koordinatensystem die Punkte E(9|4); F(7|14); G(2|13) und einen vierten Punkt H, der mit den ersten drei ein Rechteck bildet. Zeichne das Rechteck und gib die Koordinaten von H an.
d) Zeichne in das Koordinatensystem ein weiteres Rechteck IJKL und gib die Koordinaten der Punkte an.

Übungsblatt: Geometrie (Grundlagen 2)

(Bei allen Aufgaben wird auf die Sauberkeit geachtet!)

1) Nenne die Eigenschaften der folgenden Vierecke: Parallelogramm, Raute, Rechteck, Quadrat, Drachen, Symmetrisches Trapez, Kreis.
2) Welche der gezeigten Vierecke lassen sich den gelernten Grundformen zuordnen?

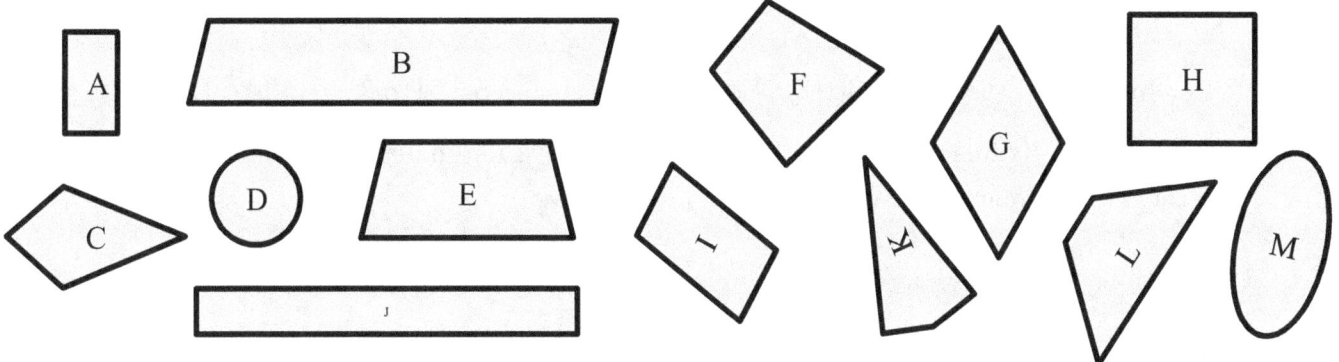

3) Zeichne die folgenden Vierecke mit den Eckpunkten A, B, C und D. Prüfe, ob es sich um eine der sechs Grundformen aus Aufgabe 1 handelt. Ordne jeweils alle möglichen Grundformen zu.
    a. $A(4|4), B(6|0), C(10|2), D(8|6)$
    b. $A(4|9), B(7|9), C(7|15), D(4|17)$
    c. $A(11|16), B(11|13), C(14|10), D(17|10)$
    d. $A(15|2), B(17|4), C(11|10), D(9|8)$
    e. $A(19|2), B(21|6), C(19|10), D(17|6)$
4) Bei den folgenden Vierecken fehlt ein Punkt. Finde die Koordinaten:
    a. Rechteck: $A(5|14), B(2|14), C(2|6), D(\_|\_)$
    b. Quadrat: $A(9|14), B(\_|\_), C(16|13), D(13|17)$
    c. Symmetrisches Trapez: $A(8|3), B(17|3), C(\_|\_), D(11|8)$
5) Zeichne auf einem unlinierten Papier:
    a. Ein Rechteck mit den Seitenlängen 4 cm und 6 cm.
    b. Eine Raute mit einer Seitenlänge von 3 cm.
    c. Einen Kreis mit einem Radius von 25 mm.
    d. Eine Raute mit den Diagonalen von 4 cm und 60 mm.
6) Ein Fenster ist 1,70 m hoch und 80 cm breit. Welche Länge haben die Rahmenleisten?
7) Ein Quadratisches Blumenbeet hat eine Seitenlänge von 2,5m und soll mit einem Schneckenzaun eingefasst werden. Wie lange ist der Zaun insgesamt?
8) Ein Kreis hat einen Durchmesser von 60 mm und den Mittelpunkt bei $M(9|10)$. Gib die Koordinaten von drei Punkten auf der Kreislinie an.
9) Zeichne in die folgenden Figuren die Symmetrieachsen ein (falls möglich).

 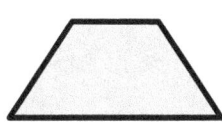  

10) Zeichne das Rechteck mit den Eckpunkten $A(4|9), B(8|7), C(11|13), D(7|15)$ und eine Symmetrielinie durch die Punkte $E(13|3), F(13|16)$. Spiegle das Rechteck und gib die Koordinaten der Bildpunkte A', B', C' und D' an.

11) Zeichne eine Punktsymmetrische Figur und beschreibe woran man erkennen kann, dass diese Figur punktsymmetrisch ist.

12) Zeichne zwei Kreise. Die Mittelpunkte der Kreise sind bei $A(5|8), B(5|14)$. Beide Kreise haben einen Radius von 25 mm. Bestimme die Koordinaten der Schnittpunkte beider Kreise und bezeichne sie mit C und D.

13) Berechne die fehlenden Größen:

Radius	Durchmesser
5 cm	
	18 mm
6 cm 8mm	
	56 cm

14) Zeichne Sauber! Setze die folgende Zeichnung bis zum rechten Rand fort:

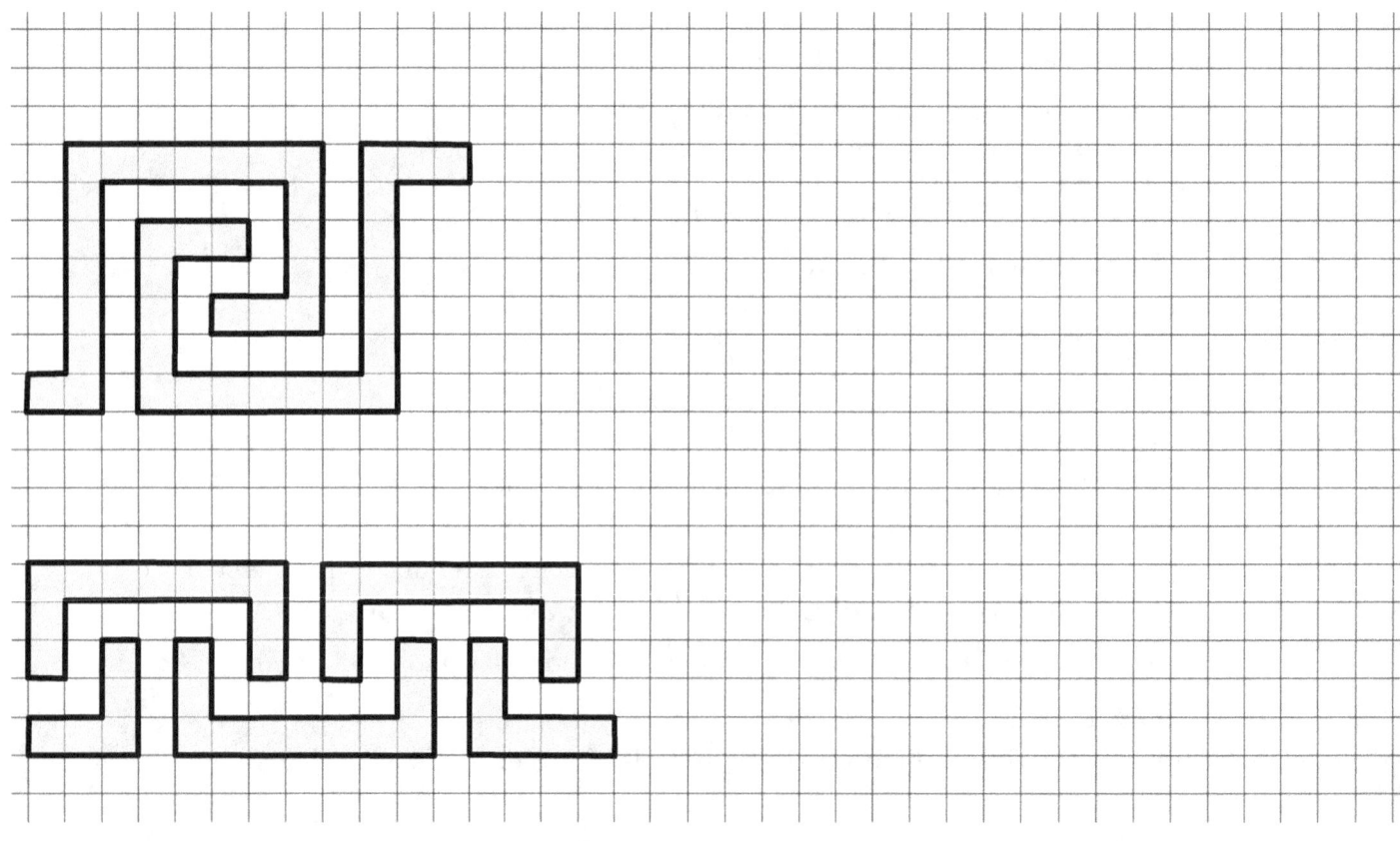

Übungsblatt: Sachrechnen

1. Wandle in die angegebenen Einheiten um:

   Geld:

   a) 400 ct = _____ €   b) 17 ct = _____ €   c) 3,50 € = _____ ct   d) 300 € = _____ ct

   e) 9€ 30ct = _____ €   f) 5 ct = _____ €   g) 80 € 6 ct = _____ ct

   Zeiten:

   a) 3 h = _____ min   b) 24 min = _____ s

   c) 2 d = _____ min   d) 1 d 15 h = _____ h

   Gewichte:

   a) 9 kg = _____ g   b) 12000 g = _____ kg

   c) 400 kg = _____ t   d) 0,426 kg = _____ mg

   Längen:

   a) 4 cm = _____ mm   b) 587 m = _____ dm = _____ cm = _____ km

2. Berechne:

   a) 63€ + 150 ct   b) 40,50 € + 106,99 €   c) 59,99 € - 11,50 €

   d) 30 ct + 23 € + 10,50 € - 1,05 €   e) 2 cm + 45 mm   f) 4,70 € + 1,50 €

   g) 5 € + 23 ct   h) 5 kg + 3000 mg   i) 3 m – 22 dm   j) 15 min + 210 s

   k) Ein Artikel kostet 35,99 €. Du zahlst mit einem 50 €-Schein. Wie viel Geld bekommst du zurück?

   l) Frau Müller verkauft auf dem Flohmarkt für 378 € alte Bücher. Sie selbst hatte dafür 105 € bezahlt. Für die Standgebühr werden ihr 25 € berechnet, die Fahrtkosten an diesem Tag betragen 12,37 €.

   m) Der Stundenlohn bei einem Ferienjob beträgt 12,50€. In der ersten Woche hatte Peter an drei Tagen jeweils 4 Stunden gearbeitet und an 2 Tagen jeweils 5,5 Stunden. Wie viel Geld erhält er am Ende der Woche?

   n) Ein Fußballspiel dauert 90 min. Dazwischen ist eine Pause von 15 min. Wann ist das Spiel zu Ende, wenn der Anpfiff um 13:30 Uhr erfolgte?

   o) Bei einem Autorennen benötigt ein Fahrer für eine Runde (1km) durchschnittlich 24 Sekunden. Wie viele Minuten benötigt der Fahrer für das ganze Rennen bei einer Gesamtstrecke von 200 km?

   p) Bei einem Waldlauf legt Paul in einer Stunde genau 15 km zurück. Wie lange benötigt er im Schnitt für einen Kilometer?

   q) Eine Dose ist 12 g schwer und enthält 150 g Inhalt. Wie viel wiegen 14 Dosen?

   r) Das Leergewicht eines Autos beträgt 950 kg. Das Gesamtgewicht ist mit 1,475 t angegeben. Wie viel darf man zuladen?

s) An einem Aufzug steht die Information: 6 Personen oder 450 kg. Eine Waschmaschine hat ein Gewicht von 130 kg. Zwei Arbeiter liefern zwei Geräte. Hr. Maier wiegt 95 kg und Hr. Schmitt 105 kg. Darf der Aufzug beide Geräte und die Personen gleichzeitig befördern?

t) Für die Hausaufgaben benötigt Lisa: Deutsch – 27 min, Mathe – 22 min, NAWI – 15 min, Religion – 15 min. Wie lange braucht sie insgesamt?

u) Herr Müller kauft ein Auto für 26000 €. Er zahlt 14000 € gleich und den Rest in monatlichen Raten. Nach 4 Jahren hat er das Auto bezahlt. Wie hoch waren die monatlichen Zahlungen?

v) Gib deine Körpergröße in den folgenden Einheiten an:
   a) Meter $[m]$ b) Dezimeter $[dm]$ c) Millimeter $[mm]$

w) 📖 Bestimme den Zeitpunkt: a) 15 min vor 9:00 Uhr: _____ Uhr
   b) 1h 36 min nach 4:40 Uhr: _____ Uhr
   c) 5h 23 min nach 12:19 Uhr: _____ Uhr
   d) 5 h 20 min vor 13:56 Uhr: _____ Uhr

x) Zeitspannen: a) von 3:15 Uhr bis 8:40 Uhr: _____ h _____ min
   b) von 5:30 Uhr bis 20:15 Uhr: _____ h _____ min
   c) von 13:56 Uhr bis 16:26 Uhr: _____ h = _____ min
   d) Fülle aus und berechne: Heute bin ich um ___:___ Uhr aufgestanden und jetzt ist es ___:___ Uhr. Dies entspricht einer Zeitspanne von _____ h _____ min.

y) Paul kauft ein: 3 Tafeln Schokolade (je 100g), 450 g Wurst, 250 g Käse, 2,5 kg Kartoffeln, 2 Päckchen Zucker (jew. 1 kg) und 300 g Fisch. Die Tasche wiegt 90 g. wie viel muss Paul tragen?

z) Zur Schule muss ein Schüler 105 Stufen zurücklegen. Jede Stufe ist 18 cm hoch. Wie viele Meter Höhenunterschied wurde von jedem Schüler zurückgelegt?

3. Mit einem Wägesatz, der die Massestücke 1x100g, 1x50 g, 1x20 g, 2x10 g, 1x5 g, 2x2 g und 1x1 g beinhaltet, soll eine Masse von 78 g zusammengestellt werden.
a) Welche Massestücke werden hierfür benötigt?
b) Welches ist das größte Gewicht, das du mit dem Wägesatz messen kannst?

Übungsblatt: Winkel messen

1. Lies mit dem Geodreieck die Größe der Winkel ab.

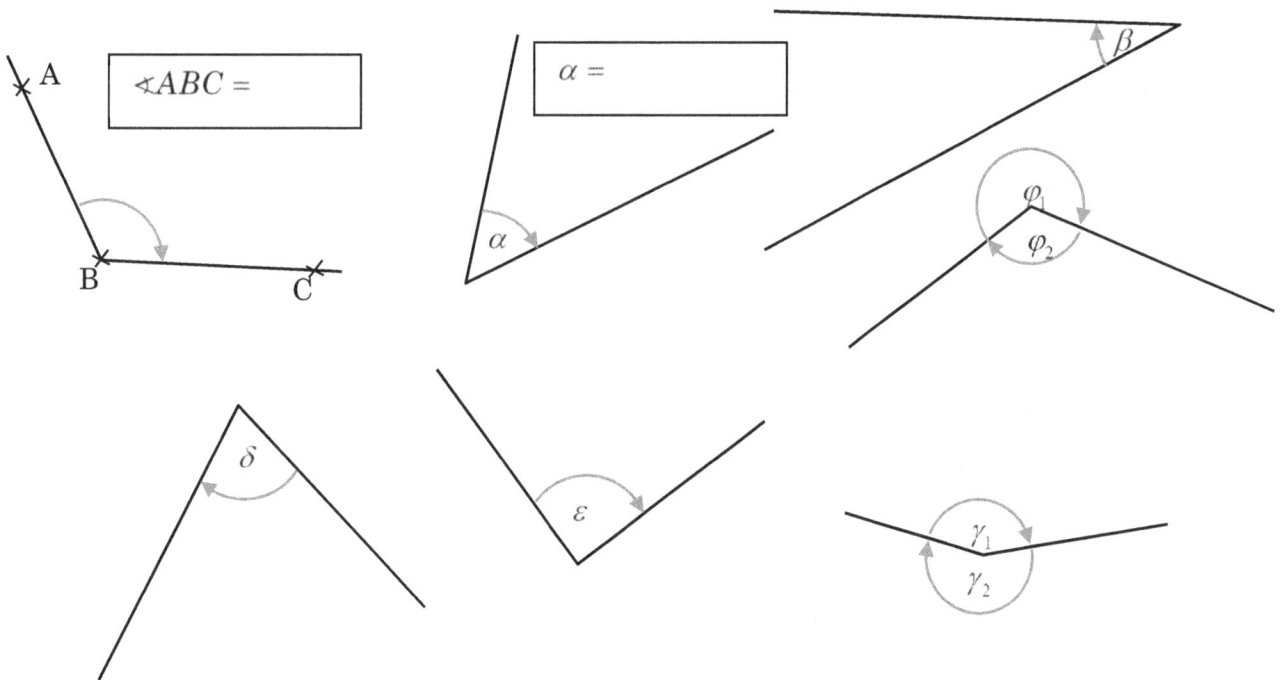

2. Zeichne in einem Koordinatensystem (Einheit: 1 Kästchen) durch die Punkte A, B und C den Winkel $\sphericalangle ABC$ und lies mit den Geodreieck die Größe des Winkels ab.

   a. $A(12|1); B(3|5); C(1|17)$

   b. $A(3|9); B(17|15); C(11|0)$

   c. $A(16|1); B(21|10); C(7|15)$

3. **Hier kommt es auf die <u>Sauberkeit</u> und die <u>Genauigkeit</u> an!** Übertrage die Figuren in dein Heft (Beachte die Kästchen! Die Vorlage ist verkleinert dargestellt). Anschließend sollst du die Winkel messen. Berechne dann jeweils die Summe der Winkel einer Figur. Zur Winkelmessung müssen die Schenkel evtl. verlängert werden. Zeichne die Figuren deshalb mit genug Abstand!

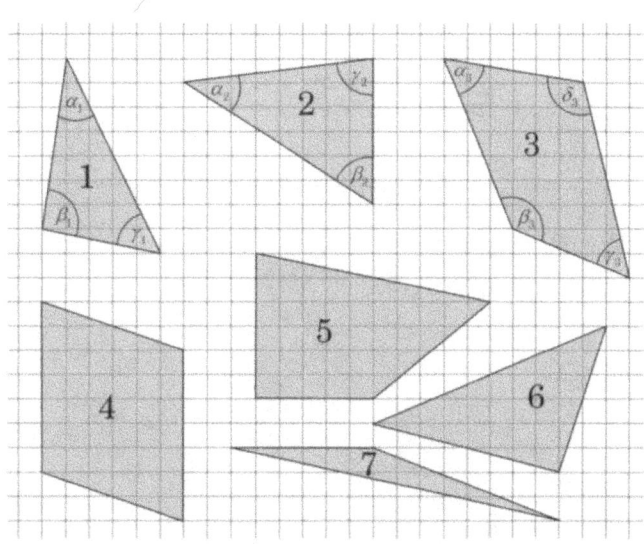

Übungsblatt: Rundrechenarten / Rechenvorteile

1. Verschaffe dir bei der Berechnung der Summen Rechenvorteile, indem du geschickt Klammern setzt.
   a) $34 + 61 + 39 =$
   b) $223 + 37 + 126 =$

2. Verschaffe dir Rechenvorteile durch vertauschen der Glieder. Schreibe die Rechnung auf, setze Klammern und berechne dann das Ergebnis.
   a) $33 + 89 + 47 =$
   b) $111 + 22 + 89 + 68 =$
   c) $144 + 92 + 76 + 1908 =$
   d) $53 + 68 + 71 + 32 + 29 + 47 =$

3. Verschaffe dir bei der Berechnung der Produkte Rechenvorteile, indem du geschickt Klammern setzt.
   a) $287 \cdot 5 \cdot 20 =$
   b) $345 \cdot 8 \cdot 125 =$

4. Verschaffe dir Rechenvorteile durch vertauschen der Glieder. Schreibe die Rechnung auf, setze Klammern und berechne dann das Ergebnis.
   a) $4 \cdot 9 \cdot 25 =$
   b) $500 \cdot 23 \cdot 2 =$
   c) $20 \cdot 19 \cdot 5 \cdot 3 =$
   d) $8 \cdot 13 \cdot 2 \cdot 125 =$

5. Berechne die Produkte.
   a) $350 \cdot 3000 =$
   b) $12000 \cdot 50000 =$

6. Ausmultiplizieren.
   a) $(10 + 4) \cdot 7 =$
   b) $(25 + 3) \cdot 8 =$

7. Zerlege eine unbequeme Zahl in eine Summe und nutze den Rechenvorteil.
   a) $12 \cdot 45 =$
   b) $23 \cdot 9 =$
   c) $29 \cdot 8 =$
   d) $98 \cdot 13 =$

8. Klammere aus und berechne.
   a) $8 \cdot 4 + 8 \cdot 6 =$
   b) $7 \cdot 6 + 5 \cdot 6 =$
   c) $11 \cdot 5 - 1 \cdot 5 =$
   d) $4 \cdot 18 + 4 \cdot 2 =$

9. Schriftliches Rechnen:

   a) $\begin{array}{r} 2567 \\ +4367 \\ +1572 \\ \hline \end{array}$
   b) $\begin{array}{r} 2567 \\ +67 \\ +572 \\ \hline \end{array}$
   c) $\begin{array}{r} 24658 \\ -4681 \\ -581 \\ \hline \end{array}$
   d) $\begin{array}{r} 32358 \\ -4283 \\ -12781 \\ \hline \end{array}$

10. Schreibe Stellengerecht untereinander und subtrahiere:
    a) $34\,735 - 2398 =$
    b) $380\,342 - 25731 =$

11. Multipliziere schriftlich:
    a) $728 \cdot 5$
    b) $853 \cdot 42$
    c) $834 \cdot 237$

12. Dividiere schriftlich:
    a) $4109 : 7$
    b) $5850 : 30$
    c) $13188 : 21$

Übungsblatt: Dezimalbrüche – Rechenausdrücke – Runden

1. Ergänze die Schreibweise als Dezimalbruch:

   $0 \quad \frac{1}{5} \quad \frac{2}{5} \quad \frac{3}{5} \quad \frac{4}{5} \quad 1$

2. Wandle in einen Dezimalbruch um:

$\frac{1}{2} = $ ___	$\frac{1}{20} = $ ___	$\frac{1}{200} = $ ___	$\frac{2}{5} = $ ___	$\frac{3}{5} = $ ___
$\frac{1}{4} = $ ___	$\frac{2}{4} = $ ___	$\frac{3}{4} = $ ___	$\frac{1}{40} = $ ___	$1\frac{6}{10} = $ ___

3. Schreibe als Bruchzahl:

$0,2 = $ ___	$0,1 = $ ___	$0,3 = $ ___	$0,7 = $ ___	$0,25 = $ ___
$0,75 = $ ___	$1,75 = $ ___	$1,3 = $ ___	$1,7 = $ ___	$2,25 = $ ___

4. Berechne die Rechenausdrücke I:

$34+54+12=$	$112+87-34=$	$65-12-34=$	$64:8\cdot 3=$	$8\cdot 11\cdot 2=$
$40\cdot 2:16=$	$5+3\cdot 12=$	$8\cdot 4\cdot 2+1=$	$4\cdot 12+30:6=$	$56+8\cdot 7=$

5. Berechne die Rechenausdrücke II:

$125:25:5=$	$125+25:5=$	$125:25\cdot 5=$	$125+25\cdot 5=$	$125:25-5=$
$125-25-5=$	$125:25+5=$	$125+25-5=$	$125+25+5=$	$125-25:5=$

6. Rechne in zwei Schritten:

$(125:25):5=$	$125:(25:5)=$	$120:(15\cdot 2)=$	$(120:15)\cdot 5=$	$5+225:15=$
$120+(15\cdot 5)=$	$120:(25+5)=$	$4\cdot(25-5)=$	$15\cdot 5:25=$	
$120:20+(15\cdot 5)=$	$120:15-(2\cdot 3)=$	$(55-16)\cdot 11=$	$(85-53):(19-15)=$	
$35+45:(25:5)=$		$(35+45):(25:5)=$		

7. Runden

Runde …	234	297	23	23589	12483
… auf Zehner					
… auf Hunderter					
… auf Tausender					

8. Überschlagsrechnung: Runde auf Hunderter und berechne ein ungefähres und ein exaktes Ergebnis:
   a. $4898 + 323 + 129 =$
   b. $20234 + 65 + 1608 + 94 =$

9. Prüfe ob es sich um Aussagen handelt:

	r	f	keine Aussage
7 ist eine Primzahl			
Ist 7 eine Primzahl?			
7 ist Teiler von 49			

10. Bestimme die Lösungsmenge:
    a) _____ ist kleiner als 8, $\mathbb{G} = \mathbb{N}$
    b) _____ ist kleiner als 8, $\mathbb{G}$ = Menge der Teiler von 18
    c) _____ ist eine Quadratzahl, $\mathbb{G} = \{2;3;4;7;8;12;13;14;16;18;23;25;35;49;50\}$

Übungsblatt: Sachrechnen

1. Größenbereiche – Gib in € an:

a. 150 ct =	b. 65 ct =	c. 2 € 20 ct =	d. 5 € 99 ct =
e. 60099 ct =	f. 10 € 09 ct =	g. 10005 ct =	h. 230000ct =

2. Größenbereiche – Gib in Cent (ct) an:

a. 1 € =	b. 1,53 € =	c. 2 € 20 ct =	d. 5 € 99 ct =
e. 12 € 99 ct =	f. 10 € 09 ct =	g. 100 € =	h. 540€ =

3. Längenangaben – Wandle in die angegebene Einheit um:

200 cm = m	20 cm = m	60 cm = dm	100 dm = m
6 km = m	23 dm = mm	1111mm = cm =	dm = m
4,5 cm = mm	2387m = km	0,345km = m =	mm

4. Gewichtsangaben – Wandle in die angegebene Einheit um:

3000 g = kg	20 kg = g	6 t 75 kg = kg	200 mg = g
5t 13kg = kg	230 g = kg	220000mg = g =	kg
4,5 g = mg	0,56 g = mg	0,345 t = g =	kg

5. Forme so um, dass kein Komma mehr vorkommt:
   a) 2,3 kg   b) 0,235 g   c) 0,030 t   d) 6,23 g   e) 0,7 g   f) 35,6789 kg

6. Zusammenfassen von Größen:
   a. 3 m + 45 m =   b. 34,7 € + 0,5 € =   c. 45 € + 23 ct =
   d. 35 kg + 3000 mg =   e. 12 m – 12 dm =   f. 15 dm – 0,1 m =

7. Zeitangaben:

120 s = min	2 h = min	3 min = s	2 d = h
3h 13 min = min	1,5 d = h	3 d = h =	min
4,5 h = min	90 min = h	7200 min = h =	d

8. Zeitspannen: a) von 8:15 Uhr bis 10:40 Uhr: _____min

   b) von 13:56 Uhr bis 15:14 Uhr: _____min

   c) von 5:30 Uhr bis 20:15 Uhr: _____min

9. Bestimme den Zeitpunkt: a) 15 min vor 7:00 Uhr: _____ Uhr

   b) 1h 34 min nach 8:10 Uhr: _____ Uhr

   c) 7h 43 min nach 9:19 Uhr: _____ Uhr

   d) 5 h 20 min vor 3:34 Uhr: _____ Uhr

Übungsblatt: Umfang, Fläche, Volumen

1. Berechne Umfang und Fläche der Rechtecke mit den Seitenlängen a und b.
   - (1) $a = 7cm$; $b = 5cm$
   - (2) $a = 8cm$; $b = 12cm$
   - (3) $a = 6cm$; $b = 9cm$
   - (4) $a = 18cm$; $b = 32cm$
   - (5) $a = 6,4cm$; $b = 5cm$
   - (6) $a = 7,3cm$; $b = 4,8cm$

2. Ein Wohnzimmer wird renoviert, dafür werden neue Deckenleisten angebracht. Das Zimmer ist 8 m Lang und 11 m breit. Wie viel Meter Leisten sind erforderlich? Anschließend wird die Decke gestrichen. Wie groß ist die Fläche die gestrichen wird?

3. Ein weiteres Zimmer wird mit den Deckenleisten ausgestattet und anschließend gestrichen. Es hat den Grundriss (vgl. Abb. rechts). Wie viel Meter Leisten werden hier benötigt und wie viel Farbe ist für die Decke notwendig?

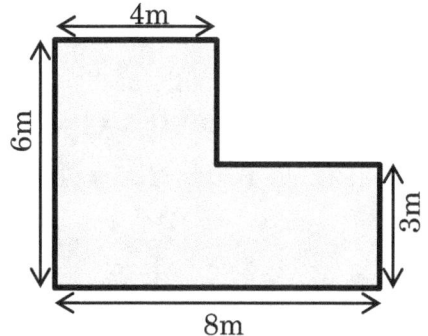

4. Ein Bauer zäunt sein Feld ein. Es ist 75 m breit und 132 m lang. Ein Meter Zaun kostet dabei 11€. Wie groß ist der zu zahlende Betrag für den Zaun?

5. Berechne jeweils die fehlende Größe der Rechtecke. Achte dabei auf die Einheiten.

	a)	b)	c)	d)	e)
Länge a	4 cm	3 cm		20 mm	
Breite b	8 cm		7 m	8 cm	1,4 cm
Fläche A		18 cm²	63 m²		350 mm²
Umfang U					

6. Berechne die Größe der rechts dargestellten Fläche:

7. Welchen Umfang hat die rechts dargestellte Fläche?

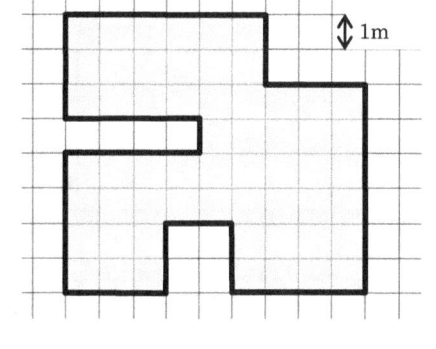

8. Wandle in die angegebene Einheit um.

$3cm^2 = $ _____ mm^2	$5m^2 = $ _____ dm^2
$13dm^2 = $ _____ cm^2	$34m^2 = $ _____ cm^2
$34m^2 = $ _____ mm^2	$890cm^2 = $ _____ dm^2
$3cm^3 = $ _____ mm^3	$5m^3 = $ _____ dm^3
$34m^3 = $ _____ cm^3	$890cm^3 = $ _____ dm^3

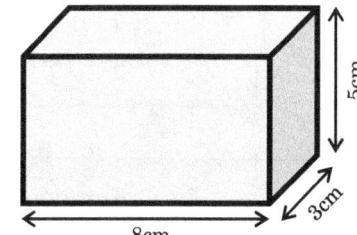

9. Berechne das Volumen und die Oberfläche des Quaders (rechts):

10. Berechne die fehlende Größe. Achte auf die Einheiten.

	a)	b)	c)	d)	e)
Länge a	3 cm	4 cm		4 mm	
Breite b	3 cm		15 cm	4 cm	4 cm
Höhe c	3 cm	8 cm	5 dm	4 dm	6 cm
Volumen V		96 cm³	75 dm³		
Oberfläche O					148 cm²

Übungsblatt: Teiler und Vielfache

1. Prüfe, ob die Aussage richtig (r) oder falsch (f) ist:
   a. 4 ist Teiler von 42
   b. 3 ist Teiler von 27
   c. 16 ist Teiler von 32
   d. 24 ist Teiler von 8

2. Schreibe die Zahlen von 30 bis 80 auf, die teilbar sind durch
   a) durch 13
   b) durch 35

3. Gib die Teilermenge und die Vielfachenmenge an von:
   a. 12
   b. 32
   c. 17

4. Vervollständige folgende Mengen:
   a. $T_{10} = \{$
   b. $T\_ = \{1, \_\_\_, \_\_\_, 14\}$
   c. $T\_ = \{\_\_\_, 2, 3, \_\_\_, 6, \_\_\_\}$
   d. $V\_ = \{3, \_\_\_, \_\_\_, 12, \_\_\_, \_\_\_, ...\}$
   e. $V_{11} = \{\_\_\_, \_\_\_, \_\_\_, \_\_\_,$

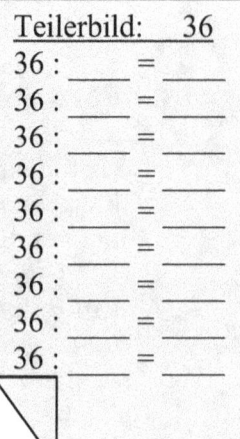

Teilerbild: 36
$36 : \_\_\_ = \_\_\_$
$36 : \_\_\_ = \_\_\_$
$36 : \_\_\_ = \_\_\_$
$36 : \_\_\_ = \_\_\_$
$36 : \_\_\_ = \_\_\_$
$36 : \_\_\_ = \_\_\_$
$36 : \_\_\_ = \_\_\_$
$36 : \_\_\_ = \_\_\_$
$36 : \_\_\_ = \_\_\_$

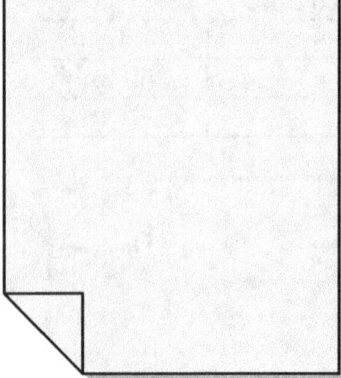

Teilbarkeitsregel für 4:

5. Prüfe auf Teilbarkeit durch 2, 4, 5 und 9:
   a. 345
   b. 7 531
   c. 93
   d. 395 632 394

6. Notiere jeweils zwei möglichst kleine Zahlen, die teilbar sind
   a. durch 2 und 4 : _____, _____
   b. durch 2 und 5 : _____, _____
   c. durch 4 und 10 : _____, _____

7. Unterstreiche alle Zahlen farbig, die durch 3 (rot) / 2 (blau) teilbar sind:
   456, 57, 61 216, 932 535, 24 114, 154 324, 145 234, 154 243, 15 624

8. Unterstreiche alle Zahlen farbig, die durch 9 (rot) / 6 (blau) teilbar sind:
   456, 57, 61 216, 932 535, 24 114, 154 234, 135 234, 154 243, 15 624

9. Unterstreiche am Zahlenstrahl alle Teiler von 12 (rot) und alle Teiler von 18 (blau)

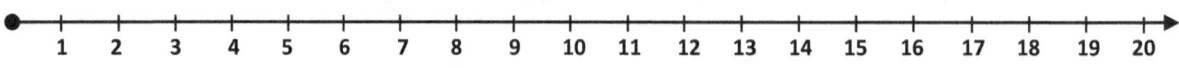

Man kann den größten gemeinsame Teiler ablesen: ggT (12,18) = _____

10. Bestimme die größten gemeinsamen Teiler und das kleinste gemeinsame Vielfache:
    a. 6, 15 = _____
    b. 16, 24 = _____
    c. 8, 18 = _____
    d. 24, 60 = _____

11. Notiere die Primzahlen von 6 bis 21:

12. Eine Primzahl ist ____ ____ ___ ____ _____ ____ _____ teilbar.

Übungsblatt: Bruchteile

1. Gib den grau gefärbten Anteil des Bildes als Bruch an.

2. Jetzt umgekehrt: Stelle folgende Brüche in Bildern dar: $\frac{2}{3}, \frac{1}{8}, \frac{4}{5}, \frac{8}{15}$

3. Bestimme die Erweiterungszahl:

   a) $\frac{5}{7} = \frac{35}{49}$, Erweiterungszahl: ____   b) $\frac{7}{13} = \frac{84}{156}$, Erweiterungszahl: ____

4. Ersetze die Platzhalter durch Zahlen:

   a) $\frac{2}{5} = \frac{}{35}$ b) $\frac{5}{9} = \frac{25}{}$ c) $\frac{6}{} = \frac{48}{16}$ d) $\frac{}{54} = \frac{2}{6}$

   e) $\frac{24}{39} = \frac{}{13}$ f) $\frac{300}{520} = \frac{150}{}$ g) $\frac{}{9} = \frac{36}{81}$ h) $\frac{63}{} = \frac{9}{13}$

5. Kürze so weit wie möglich: a) $\frac{30}{120} =$ b) $\frac{42}{63} =$ c) $\frac{48}{60} =$ d) $\frac{104}{117} =$

6. Erweitere die folgenden Brüche auf den Nenner 100 und gib die Prozentzahl an:

   a) $\frac{30}{50} =$ b) $\frac{3}{25} =$ c) $\frac{3}{5} =$ d) $\frac{3}{4} =$ e) $\frac{1}{2} =$ f) $\frac{19}{20} =$

7. Bringe die Brüche auf den Hauptnenner und berechne die Summe:

   a. $\frac{3}{5}; \frac{3}{4}$ b. $\frac{6}{5}; \frac{7}{15}$ c. $\frac{1}{2}; \frac{4}{9}$ d. $\frac{4}{7}; \frac{5}{6}$ e. $\frac{4}{20}; \frac{7}{30}$

8. Zeichne einen Zahlenstrahl und markiere die folgenden Brüche: a. $\frac{3}{10}$; b. $\frac{4}{5}$; c. $\frac{3}{2}$; d. $\frac{14}{10}$

9. Setze das richtige Anordnungszeichen: a) $\frac{4}{8} \square \frac{7}{8}$ b) $\frac{14}{12} \square \frac{11}{12}$ c) $\frac{7}{3} \square \frac{8}{4}$ d) $\frac{7}{5} \square \frac{9}{8}$

10. Paul hat 42 Äpfel gekauft. $\frac{1}{3}$ davon will er seinen Großeltern geben. Wie viele sind das?

11. Berechne die Bruchteile.

a) $\frac{2}{3}$ von 15m: b) $\frac{3}{4}$ von 80kg: c) $\frac{5}{6}$ von 12€:

b) $\frac{3}{4}$ von 220min: d) $\frac{7}{9}$ von 54cm: e) $\frac{24}{65}$ von 195s:

f) $\frac{1}{5} kg =$ g) $\frac{2}{3} min =$ h) $\frac{1}{10} m =$

Übungsblatt: Bruchrechnung

1. Wiederholung kgV: Berechne das kgV von folgenden Zahlen:

   a) 3 und 4   b) 5 und 15   c) 6 und 15   d) 4 und 14   e) 7 und 8   f) 2 und 3 und 4

2. Kürze soweit wie möglich: $\dfrac{63}{90}, \dfrac{64}{128}, \dfrac{12}{16}, \dfrac{13}{52}$

3. Erweitere die folgenden Brüche auf den Nenner 100 und ordne sie dann in einer Kleinerkette: $\dfrac{13}{50}, \dfrac{8}{20}, \dfrac{1}{4}, \dfrac{17}{25}$

4. Erweitere auf den Hauptnenner und setze das Anordnungszeichen (>,=,<):

   a) $\dfrac{3}{15}, \dfrac{4}{15}$ b) $\dfrac{36}{60}, \dfrac{12}{20}$ c) $\dfrac{1}{4}, \dfrac{2}{5}$ d) $\dfrac{4}{9}, \dfrac{5}{6}$ e) $\dfrac{1}{4}, \dfrac{3}{16}$

5. Zeichne jeweils einen Zahlenstrahl und markiere die Brüche: $\dfrac{9}{10}, \dfrac{7}{4}, \dfrac{2}{3}$

6. Größenvergleich von Bruchzahlen. Setze das richtige Anordnungszeichen (>,<,=)

   $\dfrac{2}{3} \square \dfrac{4}{3}$ $\dfrac{5}{13} \square \dfrac{8}{13}$ $\dfrac{8}{13} \square \dfrac{8}{15}$ $\dfrac{5}{13} \square \dfrac{5}{9}$ $\dfrac{5}{14} \square \dfrac{8}{7}$ $\dfrac{2}{3} \square \dfrac{3}{8}$

7. Ordne die Brüche in einer Kleiner-Kette:

   a) $\dfrac{4}{7}, \dfrac{1}{7}, \dfrac{12}{7}, \dfrac{22}{14}, \dfrac{22}{7}$ b) $\dfrac{3}{4}, \dfrac{7}{4}, \dfrac{2}{4}, \dfrac{5}{2}, \dfrac{5}{4}$ c) $\dfrac{8}{7}, \dfrac{8}{3}, \dfrac{8}{6}, \dfrac{8}{4}, \dfrac{8}{12}$

8. Zeichne zu den folgenden gemischten Zahlen eine Abbildung:

   a) $1\dfrac{1}{2}$ b) $3\dfrac{1}{4}$ c) $2\dfrac{4}{5}$ d) $2\dfrac{2}{3}$ e) $3\dfrac{1}{6}$

9. Erweitere oder kürze wie angegeben: $\dfrac{4}{7}=\dfrac{5}{}$; $\dfrac{3}{4}=\dfrac{10}{}$; $\dfrac{25}{30}=\dfrac{}{5}$; $\dfrac{64}{56}=\dfrac{}{8}$; $\dfrac{63}{72}=\dfrac{}{9}$

10. Addiere die folgenden Brüche bzw. Zahlen:

    a) $\dfrac{4}{8}, \dfrac{3}{8}$ b) $\dfrac{6}{13}, \dfrac{4}{13}$ c) $\dfrac{8}{10}, \dfrac{3}{10}$ d) $\dfrac{3}{4}, \dfrac{3}{8}$ e) $\dfrac{11}{12}, \dfrac{5}{8}$ f) $2, \dfrac{3}{8}$

11. Subtrahiere jeweils den zweiten Bruch vom ersten Bruch und kürze das Ergebnis (wenn möglich).

    a) $\dfrac{4}{8}, \dfrac{3}{8}$ b) $\dfrac{6}{13}, \dfrac{4}{13}$ c) $\dfrac{8}{10}, \dfrac{3}{10}$ d) $\dfrac{3}{4}, \dfrac{3}{8}$ e) $\dfrac{11}{12}, \dfrac{5}{8}$ f) $2, \dfrac{3}{8}$

12. Brüche multiplizieren und dividieren: (Kürze das Ergebnis, wenn möglich).

    a) $\dfrac{1}{2} \cdot \dfrac{3}{8}$ b) $\dfrac{2}{5} \cdot \dfrac{6}{7}$ c) $\dfrac{12}{25} \cdot \dfrac{6}{11}$ d) $\dfrac{7}{12} \cdot \dfrac{5}{21}$ e) $\dfrac{9}{24} \cdot 8$ f) $\dfrac{9}{14} \cdot \dfrac{7}{12}$

    a) $\dfrac{1}{5} : \dfrac{1}{3}$ b) $\dfrac{1}{6} : \dfrac{3}{4}$ c) $\dfrac{7}{9} : \dfrac{3}{5}$ d) $\dfrac{4}{5} : 5$ e) $\dfrac{15}{8} : \dfrac{25}{16}$ f) $\dfrac{7}{15} : \dfrac{14}{45}$

Übungsblatt: Dezimalzahlen und Brüche

1. Dezimalzahlen: Zeichne eine Stellenwerttafel und trage folgende Zahlen ein:

   a) 12,67   b) 1234,0   c) 0,0383   d) 1,207   e) 800,34   f) 987,6504

2. Schreibe als Dezimalzahl:

   a) $3 + \frac{2}{10} + \frac{7}{100} =$ b) $\frac{8}{10} + \frac{4}{100} =$ c) $12 + \frac{5}{10} + \frac{7}{1000} =$ d) $165 + \frac{3}{100} =$

3. Schreibe als Dezimalzahl:

   a) $\frac{23}{100} =$ b) $\frac{3456}{1000} =$ c) $\frac{567}{10} =$ d) $\frac{745}{100} =$ e) $\frac{2003}{100} =$ f) $\frac{2304}{10000} =$ g) $\frac{98}{1} =$

4. Schreibe als Bruch:

   a) 0,3   b) 54,61   c) 2,483   d) 0,047   e) 1,0007   f) 0,2007   g) 1234,1

5. Wandle um in eine Dezimalzahl.

   a) $\frac{4}{50} =$ b) $\frac{3}{20} =$ c) $\frac{4}{5} =$ d) $\frac{4}{250} =$ e) $\frac{7}{125} =$ f) $\frac{1}{2} =$

6. Wandle durch schriftliche Division in eine Dezimalzahl um:

   a) $\frac{5}{4} =$ b) $\frac{12}{5} =$ c) $\frac{4}{5} =$ d) $\frac{3}{12} =$ e) $\frac{7}{125} =$ f) $\frac{1}{2} =$

7. Vergleiche die folgenden Zahlen (<, >, =):

   a) 0,035 ☐ 0,35   b) 0,24 ☐ 0,204   c) 3,08 ☐ 3,1   d) 0,4 ☐ $\frac{3}{5}$

   e) 0,53 ☐ $\frac{530}{1000}$ f) 4,8 ☐ $\frac{480}{10}$ g) 1,5 ☐ $\frac{1}{5}$ h) $\frac{3}{8}$ ☐ 0,37

8. Wandle die folgenden Brüche in Dezimalzahlen um und ordne die periodischen Dezimalzahlen in einer Größerkette :

   a) $\frac{1}{9}$ b) $\frac{7}{4}$ c) $\frac{4}{3}$ d) $\frac{1}{3}$ e) $\frac{4}{9}$ f) $\frac{14}{8}$ g) $\frac{9}{12}$

9. Addiere schriftlich die folgenden Dezimalzahlen:

   a) 8,324 + 2,453 =   b) 185,45 + 15,45 =   c) 0,795 + 84,999 =

10. Subtrahiere schriftlich:

    a) 687,887 – 463,552 =   b) 54,367 – 43,367 =   c) 406,8 – 56,443 =

Übungsblatt: Rechnen mit Dezimalzahlen

1. Runden von Dezimalzahlen. Runde auf drei Nachkommastellen.

   a) $2{,}9438 \approx$ b) $51{,}5489 \approx$ c) $92{,}54666 \approx$ d) $0{,}02549999 \approx$

2. Addiere schriftlich die folgenden Dezimalzahlen.

   a) $6{,}344 + 3{,}479 =$ b) $3785{,}45 + 565{,}75 =$ c) $0{,}0535 + 51{,}999 =$

3. Subtrahiere schriftlich.

   a) $947{,}8237 - 924{,}5835 =$ b) $137{,}303 - 94{,}325 =$ c) $4256{,}8 - 52{,}267 =$

4. Multiplikation von Dezimalzahlen *(Multiplikation mit Stufenzahlen, natürlichen Zahlen und Dezimalzahlen)*

   a) $34{,}8 \cdot 10 =$ b) $2{,}5678 \cdot 1000 =$ c) $4{,}5 \cdot 100 =$

   d) $0{,}3 \cdot 6 =$ e) $0{,}03 \cdot 6 =$ f) $14 \cdot 0{,}1 =$

   g) $1{,}3 \cdot 0{,}2 =$ h) $0{,}5 \cdot 0{,}4 =$ i) $0{,}02 \cdot 0{,}3 =$

5. Schriftliche Multiplikation

   a) $\underline{4{,}3 \cdot 2{,}6} =$ b) $\underline{5{,}31 \cdot 6{,}5} =$ c) $\underline{0{,}62 \cdot 5{,}6} =$ d) $\underline{0{,}75 \cdot 0{,}043} =$

6. Hr. Schmidt kauft 23 Brötchen. Ein Brötchen kostet 0,20 €. Er bezahlt mit einem 10 €-Schein. Wie viel Geld bekommt er zurück?

7. Division von Dezimalzahlen.

   a) $54{,}3 : 10 =$ b) $345{,}732 : 10 =$ c) $35789{,}64 : 1000 =$

   d) $56{,}4 : 1000 =$ e) $\boxed{} \xleftarrow{\cdot 10} 3{,}7 \xrightarrow{:10} \boxed{}$

   f) $\boxed{} \xleftarrow{\cdot 1000} 14{,}7 \xrightarrow{:1000} \boxed{}$ g) $\boxed{} \xleftarrow{\cdot 100} 0{,}6 \xrightarrow{:100} \boxed{}$

8. Division durch eine natürliche Zahl (schriftlich).

   a) $\underline{6{,}4 : 8} =$ b) $\underline{74{,}3 : 4} =$ c) $\underline{15{,}2 : 8} =$ d) $\underline{0{,}9 : 4} =$

9. Division durch eine Dezimalzahl.

   a) $6{,}4 : 0{,}4 =$ b) $0{,}32 : 0{,}8 =$ c) $1{,}65 : 0{,}15 =$

10. Vermischte Aufgabe:

    $7{,}2 \xrightarrow{:8} \boxed{} \xrightarrow{\cdot 3} \boxed{} \xrightarrow{+2{,}2} \boxed{} \xrightarrow{:0{,}7} \boxed{} \xrightarrow{\cdot 0{,}3} \boxed{} \xrightarrow{:0{,}07} \boxed{30}$

Übungsblatt: Gleichungen, Prozent, Wahrscheinlichkeit, Stereometrie

1. Rechenausdrücke:

    a) $\dfrac{2}{5} - \dfrac{1}{6} =$
    b) $\dfrac{2}{9} + \dfrac{7}{9} \cdot 2 =$
    c) $\dfrac{11}{12} + \dfrac{1}{15} : \dfrac{2}{5} =$

2. Löse die Gleichungen und bestimme die Lösungsmenge. Achte dabei auf die ausführliche Schreibweise und notiere alle Zwischenschritte.

    a) $x + 14 = 32$
    b) $x - 9{,}5 = 19$
    c) $x \cdot \dfrac{5}{9} = \dfrac{5}{3}$
    d) $x : 12 = 7$

3. Wandle die Brüche in die Prozentschreibweise und Dezimalzahlen um:

$\dfrac{1}{10} =$	$\dfrac{12}{50} =$	$\dfrac{14}{20} =$	$\dfrac{3}{25} =$

4. Wandle die Prozentangaben in Brüche und Dezimalzahlen um.

    a) $15\% =$ —— $=$
    b) $76\% =$ —— $=$
    c) $3\% =$ —— $=$

5. Berechne:
    a) 20 % von 800 €
    b) 15 % von 300 €
    c) 30 % von 5000 km
    d) 6 % von 120000 kg

6. Wie viel Prozent einer Stunde sind nach a) 12 Minuten und b) 45 Minuten vorbei?

7. Dreisatzaufgaben: Rechne ausführlich!

    a) 5 Kinokarten kosten 35 €. Wie viel kosten zwei Karten?
    b) Ein Auto fährt in 3 Stunden 240 km. Wie weit kommt es in 7 Stdunden?

8. Bestimme die Wahrscheinlichkeit, aus einem Kartenspiel (32 Karten) eine „7" zu ziehen.

9. Bestimme die Wahrscheinlichkeit, mit einem Würfel eine „3" zu würfeln.

10. Bestimme die Wahrscheinlichkeit, mit einem Würfel eine Zahl zu würfeln die größer als 4 ist.

11. Gegeben ist ein Würfel mit der Kantenlänge 5 cm.
    a. Zeichne ein Netz des Würfels. Markiere die gegenüberliegenden Seiten mit gleichen Farben.
    b. Zeichne ein Schrägbild des Würfels.
    c. Berechne die Oberfläche. Gib die Oberfläche in dm^2, cm^2 und mm^2 an.
    d. Berechne das Volumen. Gib das Volumen in dm^3, cm^3 und mm^3 an.
    e. Wie lang muss der Draht für ein Kantenmodell sein?

12. Gegeben ist ein Quader mit den Kantenlängen : Breite: 6 cm Länge: 8 cm Höhe: 5 cm
    a. bis e. wie bei Aufgabe 11

Übungsblatt: Ganze Zahlen Z, Betrag, Intervalle

1. Zeichne einen Wasserstandsmesser der von 3 Meter Niedrigwasser bis zu 7 Meter Hochwasser geeignet ist. Markiere den Teil des Wasserstandsmessers, auf dem du Hochwasser (HW) messen kannst, blau und den Teil auf dem du Niedrigwasser (NW) messen kannst rot.

   a) Markiere dann die folgenden Wasserstände:
   - ❶ 50 cm (NW) ❷ 160 cm (HW) ❸ 2 m (NW) ❹ 70 dm (HW)

   b) Fülle die Lücken aus: 1,5m (HW) 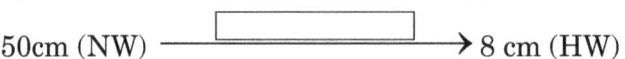 _____

   50cm (NW) 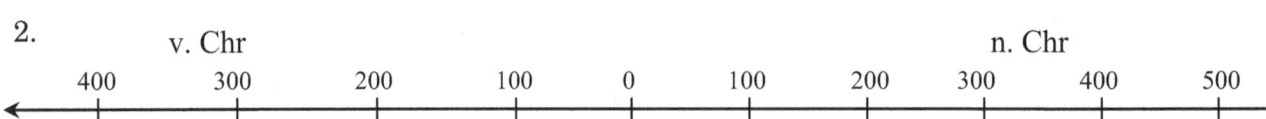 8 cm (HW)

2.
   ```
           v. Chr                                      n. Chr
   400   300   200   100    0    100   200   300   400   500
   ```

   105 n. Chr. – erstes Papier wird hergestellt. 149 Jahre **vorher** wurde der römische Kaiser Cäsar im Jahr _____ ermordet. 243 Jahre vor der Ermordung Cäsars wird der Mathematiker Archimedes im Jahr _____ geboren. 763 Jahre später endet im Jahr _____ das Weströmische Reich.

3. Im letzten Jahr wurden folgende Durchschnittstemperaturen in den Monaten Januar bis Dezember gemessen.

Jan	Feb	Mrz	Apr	Mai	Jun	Jul	Aug	Sept	Okt	Nov	Dez
-18	-10	-5	+7	+10	+15	+19	+20	+14,5	+8	+1	-8

   a. Notiere die Temperaturunterschiede zwischen folgenden Monaten:
      I) Juli ↔ Sept. II) Aug. ↔ Okt. III) Mrz. ↔ Juli IV) Feb. ↔ Dez. V) Jan. ↔ Okt.
   b. Notiere die Monate, die jeweils gleichgroße Temperaturunterschiede von Null °C aufweisen.
   c. Schreibe für die gemessenen Temperaturen eine Kleiner-Kette.

4. Intervalle: Ergänze für die folgenden Intervalle die fehlende Darstellung:

   a) Alle Zahlen zwischen -1 und +2,5   b) 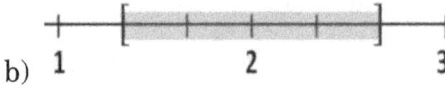   c) $]4\frac{1}{2}; 6,4[$

5. Bestimme die Beträge der markierten Zahlen.

   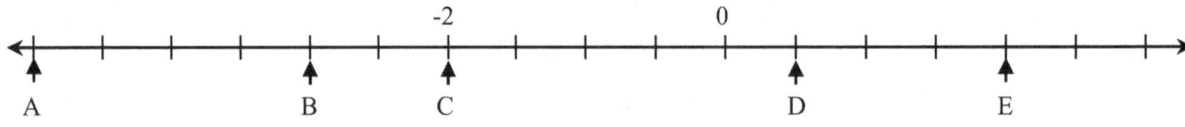

   a) Schreibe die Beträge der markierten Zahlen auf.
   b) Welche der Zahlen haben dieselben Beträge?

6. Ergänze: $|-4,5| =$ ___ ; $|5\frac{1}{4}| =$ ___ ; $|\_\_\_| = 7,25 = |\_\_\_|$; $|\quad| = \frac{8}{5} = |\quad|$

7. Notiere die Gegenzahlen und den Betrag für folgende Zahlen:
   a) 40   b) -3,5   c) 678   d) $-\frac{14}{5}$ e) -0,05005

8. Vergleiche (< > =): $3 \square -4$; $-3,3 \square -3\frac{1}{3}$; $6,14 \square 6,41$; $12,3 \square |-15,6|$

9. Markiere die folgenden Zahlen auf einer Zahlengerade und schreibe eine Kleinerkette:
   $-5 ; +4,7 ; +1,5 ; -2\frac{1}{2} ; +\frac{3}{4} ; +\frac{4}{3} ; -2,75 ; +11 ; +0,5$

Übungsblatt: Rationale Zahlen Q, Terme

1) Vergleiche die Zahlen und setze das richtige Zeichen < , > , =

    a) -28 ___ $+24$ b) $+2\frac{1}{2}$ ___ $-6{,}8$ c) $-\frac{2}{3}$ ___ $-\frac{5}{6}$

    d) $-2{,}5$ ___ $-\frac{15}{2}$ e) $+2{,}51$ ___ $+2{,}15$ f) $-5\frac{1}{4}$ ___ $-5\frac{1}{6}$

2) Zeichne ein Koordinatensystem, benenne die Quadranten und trage die folgenden Punkte ein.
A (4|1), E (-4|7), J(-2|-3), H (-4|-1), D (-2|5), B (0|3), K (0|-5),
F (-4|3), L (0|-1), G (-8|1), C (0|7), I (-4|-5)
(Verbinde anschließend die Punkte in alphabetischer Reihenfolge)

3) Berechne

    a) $(+5)+(+3)=$ b) $(+13)+(-3)=$ c) $(-8)+(+18)=$

    d) $(+12{,}3)+(-3{,}2)=$ e) $(-5{,}2)+(-3{,}5)=$ f) $(+25)-(+31)=$

    g) $(+\frac{5}{6})+(+\frac{2}{6})=$ h) $(-\frac{5}{8})+(+\frac{2}{16})=$ i) $(+\frac{5}{8})+(-\frac{5}{6})=$

    j) $(+\frac{5}{9})-(-\frac{1}{6})=$ k) $(-3{,}3)-(-4)=$ l) $(+2{,}9)-(+\frac{2}{5})=$

4) Finde die fehlenden Rechenzeichen

    a) $(+9)+(+3)=(\bigcirc 12)$ b) $(+9)+(\bigcirc 3)=(\bigcirc 6)$ c) $(+9{,}2)-(\bigcirc 4{,}2)=(\bigcirc 13{,}4)$

    d) $(+9{,}2)+(\bigcirc 4{,}2)=(\bigcirc 13{,}4)$ e) $(\bigcirc 8)+(\bigcirc 4{,}8)=(-3{,}2)$ f) $\left(-\frac{9}{10}\right)+\left(\bigcirc\frac{3}{10}\right)=\left(-\frac{3}{5}\right)$

5) Löse die Klammern auf, vereinfache die Schreibweise und berechne

    a) $(+13)-[(+8)+(+14)]=$ b) $[(-24)+(-7)]-[(+12)+(-6)]=$

6) Multiplikation rationaler Zahlen:

    a) $3\cdot(-12)=$ b) $(-5)\cdot(-4)=$ c) $(+9)\cdot(+12)=$ d) $(-4)\cdot(+14)=$

    e) $(-8)\cdot(-4)\cdot 8=$ f) $2\cdot(-15)\cdot(+3)=$ g) $(-5)\cdot(+4)\cdot(-13)=$

    h) $\frac{1}{2}\cdot\left(-\frac{3}{4}\right)=$ i) $\left(-\frac{3}{5}\right)\cdot\left(-\frac{5}{6}\right)=$ j) $(-8{,}4)\cdot(-1{,}5)=$

    k) $(+1{,}8)\cdot(\bigcirc 5)=(-9)$ l) $\left(-\frac{3}{12}\right)\cdot\left(\bigcirc\frac{5}{6}\right)=\left(-\underline{\quad}\right)$

7) Berechne die folgenden Rechenausdrücke! Denke dabei an alle Rechenregeln!

    $(-0{,}5)\cdot(-4):(-0{,}25+0{,}75)=$ $(-81+17):(16\cdot 0{,}5)=$

    $(24-5\cdot 3):(9-27)=$ $(11-45)-3\cdot(-11)=$

8)   a) Herr Müller befindet sich im fünften Untergeschoss einer Tiefgarage. Er fährt elf Stockwerke noch oben. Wo steigt er aus?
    b) Nachts hatte es minus 15 Grad; tagsüber kletterte das Thermometer um 22 Grad, dann fiel es wieder um 7 Grad. Wie kalt ist es?
    c) Durch einen Aktienverlust hat Tante Marie ihre Schulden von 518€ vervierfacht.

Übungsblatt: Terme, Gleichungen

1) Vergleiche die Zahlen und setze das richtige Zeichen <, >, =
   a) -28 ___ +24
   b) $+2\frac{1}{2}$ ___ -6,8
   c) $-\frac{2}{3}$ ___ $-\frac{5}{6}$
   d) -2,5 ___ $-\frac{15}{2}$
   e) +2,51 ___ +2,15
   f) $-5\frac{1}{4}$ ___ $-5\frac{1}{6}$

2) Zeichne ein Koordinatensystem, benenne die Quadranten und trage die folgenden Punkte ein.
   A (4|1), E (-4|7), J(-2|-3), H (-4|-1), D (-2|5), B (0|3), K (0|-5),
   F (-4|3), L (0|-1), G (-8|1), C (0|7), I (-4|-5)
   (Verbinde anschließend die Punkte in alphabetischer Reihenfolge)

3) Berechne

   a) $(+5)+(+3)=$
   b) $(+13)+(-3)=$
   c) $(-8)+(+18)=$
   d) $(+12,3)+(-3,2)=$
   e) $(-5,2)+(-3,5)=$
   f) $(+25)-(+31)=$
   g) $(+\frac{5}{6})+(+\frac{2}{6})=$
   h) $(-\frac{5}{8})+(+\frac{2}{16})=$
   i) $(+\frac{5}{8})+(-\frac{5}{6})=$
   j) $(+\frac{5}{9})-(-\frac{1}{6})=$
   k) $(-3,3)-(-4)=$
   l) $(+2,9)-(+\frac{2}{5})=$

4) Finde die fehlenden Rechenzeichen

   a) $(+9)+(+3)=(\bigcirc 12)$
   b) $(+9)+(\bigcirc 3)=(\bigcirc 6)$
   c) $(+9,2)-(\bigcirc 4,2)=(\bigcirc 13,4)$
   d) $(+9,2)+(\bigcirc 4,2)=(\bigcirc 13,4)$
   e) $(\bigcirc 8)+(\bigcirc 4,8)=(-3,2)$
   f) $\left(-\frac{9}{10}\right)+\left(\bigcirc\frac{3}{10}\right)=\left(-\frac{3}{5}\right)$

5) Löse die Klammern auf, vereinfache die Schreibweise und berechne

   a) $(+13)-[(+8)+(+14)]=$
   b) $[(-24)+(-7)]-[(+12)+(-6)]=$

6) Multiplikation rationaler Zahlen:

   a) $3\cdot(-12)=$
   b) $(-5)\cdot(-4)=$
   c) $(+9)\cdot(+12)=$
   d) $(-4)\cdot(+14)=$
   e) $(-8)\cdot(-4)\cdot 8=$
   f) $2\cdot(-15)\cdot(+3)=$
   g) $(-5)\cdot(+4)\cdot(-13)=$
   h) $\frac{1}{2}\cdot\left(-\frac{3}{4}\right)=$
   i) $\left(-\frac{3}{5}\right)\cdot\left(-\frac{5}{6}\right)=$
   j) $(-8,4)\cdot(-1,5)=$
   k) $(+1,8)\cdot(\bigcirc 5)=(-9)$
   l) $\left(-\frac{3}{12}\right)\cdot\left(\bigcirc\frac{5}{6}\right)=\left(-\text{———}\right)$

7) Berechne die folgenden Rechenausdrücke! Denke dabei an alle Rechenregeln!
   $(-0,5)\cdot(-4):(-0,25+0,75)=$
   $(-81+17):(16\cdot 0,5)=$
   $(24-5\cdot 3):(9-27)=$
   $(11-45)-3\cdot(-11)=$

8) a) Herr Müller befindet sich im fünften Untergeschoss einer Tiefgarage. Er fährt elf Stockwerke noch oben. Wo steigt er aus?
   b) Nachts hatte es minus 15 Grad; tagsüber kletterte das Thermometer um 22 Grad, dann fiel es wieder um 7 Grad. Wie kalt ist es?
   c) Durch einen Aktienverlust hat Tante Marie ihre Schulden von 518 € vervierfacht.

Übungsblatt: Zuordnungen

1. Das Diagramm zeigt die Investitionen in Erneuerbare-Energie-Anlagen in Deutschland zwischen 2000 und 2007.

   a) Wie hoch waren die Investitionen im Bereich „Photovoltaik" 2004?

   b) Erstelle für die Investitionen im Bereich „Wind an Land" eine Tabelle.

   c) Um welchen Betrag sind die Ausgaben im Bereich „Solarthermie" zwischen 2002 und 2006 angestiegen?

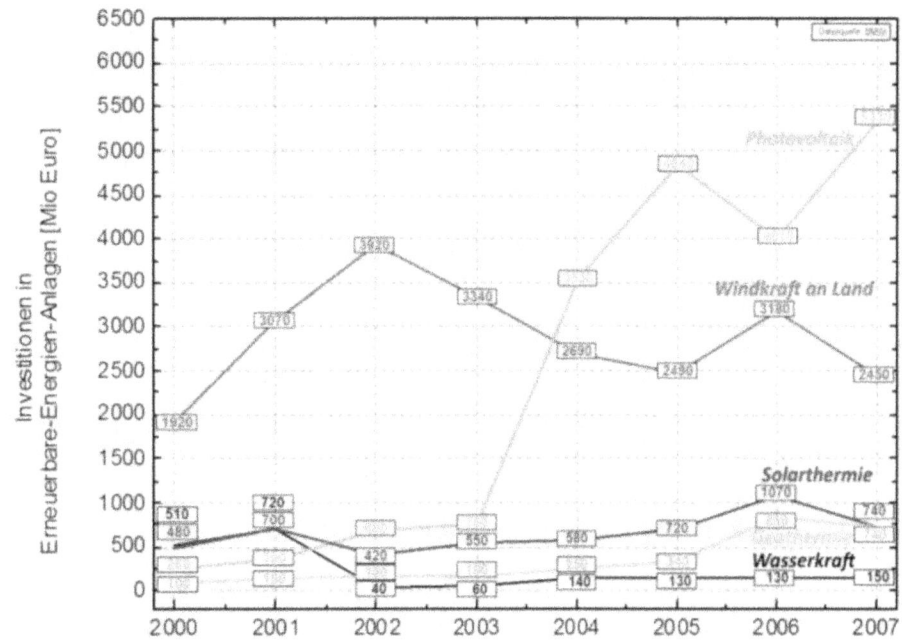

2. Zuordnungsvorschriften – Ergänze die fehlende Form

Wortform	Pfeilform	Gleichungsform
Jeder Zahl wird das Dreifache zugeordnet		
	$x \longrightarrow \dfrac{x}{2}$	
		$y = 5 \cdot x + 3$

3. Ergänze die Wertetabelle für die Zuordnung $y = 2 \cdot x - 1$

x	-2	-1	0	3	6
y					

4. Ergänze die Wertetabelle so, dass eine proportionale Zuordnung entsteht.

x	1	3	4	10	15
y		45			

x	1	5		20	
y		45	81		279

5. Entscheide, ob es sich um eine proportionale Zuordnung handelt:

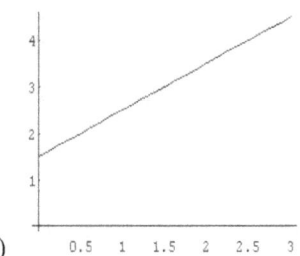 a)   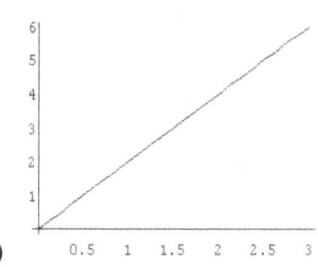 b)   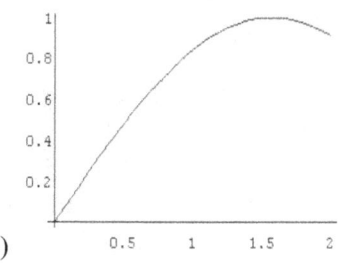 c)

6. Peter kauf ein im Baumarkt: 2 kg Nägel kosten 12,48 €.

    a. Was kosten 6,5 kg ?
    b. Wie viele kg erhält man für 31,20 € ?
    c. Zeichne das zugehörige Schaubild (x-Achse: 1kg = 1 cm; y-Achse: 10€ = 1cm)

7. Ein Auto fährt in 8 Stunden 500 km.

    a. Wie lange benötigt das Auto für eine Strecke von 1200 km?
    b. Wie weit kommt das Auto in 12 Stunden
    c. Zeichne das zugehörige Schaubild (x-Achse: 100km = 1 cm; y-Achse: 1 Std. = 1cm)

8. In einer Kantine werden in 5 Tagen 130 kg Kartoffeln gebraucht.
    a) Wie viel braucht man in 9 Tagen?
    b) Wie lange reichen 350 kg?

9. Ergänze die Wertetabelle so, dass eine antiproportionale Zuordnung entsteht.

x	1	2	4	10	20
y			240		

x	0,5	1	4	6	18
y			9		

10. Ein Computerspezialist benötigt 3 Wochen um ein Programm zu schreiben.

    a. Wie lange brauchen 3 Computerspezialisten für das Programm?
    b. Wie lange brauchen 7 Computerspezialisten für das Programm?
    c. Zeichne das zugehörige Schaubild (x-Achse: 2 Leute = 1 cm; y-Achse: 1 Tag = 0,5 cm)

11. Ein Kindererholungsheim ist für 180 Kinder eingerichtet und dafür auf 20 Tage mit Lebensmittel versorgt. Wie lange reicht der Vorrat, wenn 30 Plätze frei bleiben?

12. Für einen gemieteten Bus sollen 52 Personen je 25 € bezahlen. Es können aber nur 40 Personen an der Fahrt teilnehmen. Was muss jetzt jeder bezahlen?

Übungsblatt: Bruchteile und Prozent

1. Am letzten Tag der Klassenfahrt haben 5 von 18 Mädchen und 4 von 12 Jungs Eis als Nachtisch gegessen. Vergleiche absolut und relativ.
2. Wandle um:

Bruch	$\frac{33}{100}$				
Gekürzter Bruch					
Prozentangabe		43%		120%	
Dezimalzahl			0,08		2,5

3. Gib den Anteil der dunklen und der hellen Fläche in Prozentschreibweise an.

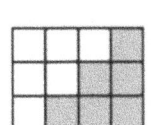 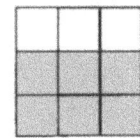 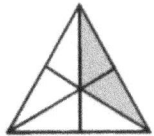 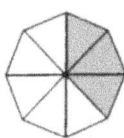 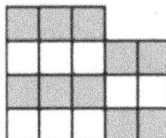 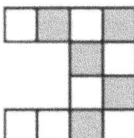

4. Berechne:
    a. 25% von 500 €
    b) 85% von 1200 €
    c) 12% von 160 €
    d) $\frac{2}{3}$ von 660 kg
    e) $\frac{4}{7}$ von 490 m²
    f) $\frac{8}{5}$ von 550 m²

5. Die Wohnungsmiete von 454,00 Euro wird um 8 % erhöht. Berechne die neue Miete.
6. Im Parkhaus sind von 680 Plätzen 30 % frei. Wie viele Plätze sind belegt?
7. Ein Schachverein hat 125 Mitglieder. 8% der Mitglieder haben sich für das nächste Schachturnier angemeldet. Damit das Turnier stattfinden kann müssen mindestens 40% der Mitglieder angemeldet sein. Wie viel Anmeldungen fehlen noch?
8. Eine Eintrittskarte kostete ursprünglich 45 €. Der Preis wird um 3,60 € herabgesetzt. Wie viel Prozent Preisnachlass gibt der Veranstalter?
9. Die Miete wird von 630 auf 661,50 € angehoben. Um wie viel Prozent wurde die Miete erhöht?
10. Vergleiche die Anteile relativ. Berechne dazu den Prozentsatz:
    a. 30 kg von 900 kg   und   14 kg von 350 kg
    b. 20 € von 800 €   und   3 € von 90 €
11. Ein Würfel wird 40 mal geworfen. Dabei erschein 5 mal die Zahl „6" und 3 mal die Zahl „1". In wie viel Prozent der Würfe erscheint die Zahl „6"? In wie viel Prozent der Würfe erscheint die Zahl „1"?
12. Eine Tasche kostet 60 €. Aufgrund eines Schadens am Material gewährt der Verkäufer einen Verminderung des Preises um 5%. Berechne den Prozentfaktor und den verminderten Grundwert.
13. Das Bruttogewicht einer Warensendung beträgt 36kg. Berechne das Nettogewicht bei einem Taragewicht von 15%.

Übungsblatt: Termumformungen, Binome

1. Terme: 1.1. Schreibe als Term: „eine um 5 vergrößerte Zahl"

   1.2. Berechne den Term (aus Aufg. 1.1) für die folgenden Einsetzungen:

   a) $x = 32$ b) $x = 0$ c) $x = -6$

2. Multipliziere aus und fasse so weit wie möglich zusammen:

   a. $(x+3)(y+2) =$ b. $(5x-3)(2y-4) =$ c. $(3y-1)(-y+2) =$

3. Berechne die folgenden Binome:

   a. $(4a-2b)^2$ b. $(6z+8x)^2$ c. $(5z-2)(5z+2)$

   d. $(7-u)^2$ e. $(30+2)(30-2)$ f. $(9a+4)(9a+4)$

4. Ergänze die fehlenden Zahlen und Variablen

   a) $(r + \_\_\_)^2 = \_\_\_ + \_\_\_ rs + 4s^2$

   b) $(3u - \_\_\_)^2 = \_\_\_ - 24uz + \_\_\_$

   c) $(\_\_\_ - 4r)(\_\_\_ + \_\_\_) = 81 - \_\_\_$

   d) $(r + \_\_\_)^2 = \_\_\_ + \_\_\_ rs + 16s^2$

5. Wende die binomischen Formeln an und vereinfache so weit wie möglich:

   a) $(x+6)^2 - x^2 - 36$ b) $81 + (5x-9)(5x+9) - 25x^2$

6. Anwendung der ersten bzw. zweiten binomischen Formel. Berechnung von Quadratzahlen:

   a. $31^2 = (30+1)^2 =$ b. $42^2 =$ c. $89^2 =$

7. Faktorisiere mit Hilfe der binomischen Formeln:

   a) $x^2 + 12x + 36$ b) $r^2 - 8rs + 16s^2$ c) $64 - 4u^2$ d) $81s^2 - 25$

8. Pascalsches Dreieck: a. $(s+t)^3$ b. $(u-v)^4$ c. $(x+y)^6$

9. Vereinfach so weit wie möglich:

   a. $(6x+12)(2x-6) + 51^2 + (x+6)^2 =$

   b. $52^2 + (x+5)^2 + (6x+12)(2x-7) =$

Übungsblatt: Terme und Gleichungen

1. Faktorisiere mit Hilfe der binomischen Formeln.

    a) $a^2 - 81 = (a + \underline{})(a - \underline{})$ b) $a^2 + 10a + 25 = (a + \underline{})^2$

    c) $9p^2 - 100 =$ d) $x^2 - 9x + \frac{81}{4} =$ e) $2x^2 + 8x + 8 =$

2. Faktorisiere durch Umkehrung der Multiplikationsregel für Summen.

    a) $(x - \underline{})(x + \underline{}) = x^2 + 3x - 10$

    b) $x^2 + 5x + 6 = ()()$ c) $u^2 + 10u + 24 =$

    d) $y^2 - 5y + 6 =$ e) $t^2 - 3t - 18 =$

3. Gleichungen/Ungleichungen. Gib die Lösungsmenge an:

    a) $3t + 5 = 2(2t - 7)$ b) $4(7x + 3) - 9x = 7(3x - 2)$

    c) $(x - 2)(3 - x) = 9 - x^2$ d) $(u + 2)(u - 3) = (u - 4)(u + 1)$

    e) $(3x - 5)^2 = -35 + 9x^2$ f) $(a - 3)^2 - (a - 5)(a + 5) = 4$

    g) $x \cdot (x + 2) = 0$ h) $3x - (5x + 3) > 5$

4. Frau Schmidt und ihr Sohn Thomas sind zusammen 60 Jahre alt. Vor 6 Jahren war Frau Schmidt dreimal so alt wie Thomas. Wie alt sind Mutter und Sohn heute? (Zeige durch eine ausführliche Rechnung wie du zu deinem Ergebnis kommst)

5. Die Summe zweier Zahlen ist gleich 33, die Differenz ihrer Quadrate beträgt 99. Wie heißen die beiden Zahlen?

6. Erstelle für den Bruchterm $\frac{1}{x+1}$ eine Wertetabelle und zeichne das zugehörige Schaubild in ein Koordinatensystem (x-Achse: -6 bis 6 und y-Achse: -6 bis 6)

7. Gib für den folgenden Körper einen Term zur Berechnung des Volumens an und vereinfache diesen Term so weit wie möglich.

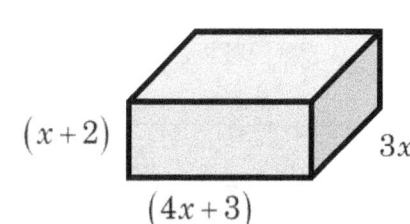

8. Temperaturen werden in Celsius (°C) oder in Fahrenheit (°F) angegeben. Wenn x die Temperatur in °C ist, so berechnet man die Temperatur y in °F nach folgender Funktionsgleichung: $y = \frac{9}{5}x + 32$

    a. Gib den Gefrierpunkt (0 °C) und den Siedepunkt (100 °C) von Wasser in Fahrenheit (°F) an.
    b. Der Physiker Daniel G. Fahrenheit legte seine eigene Körpertemperatur als 100 °F fest. Rechne seine Körpertemperatur in die Celsiusskala um.

Übungsblatt: Zinsrechnung

1. Jahreszinsen:

Kapital	3000 €	34000 €		12000 €	60000 €
Zinssatz	5 %		6 %	3%	
Jahreszinsen		2000 €	500 €		4000 €

2. Herr Müller kauft ein TV-Gerät für 4000 €. Er hat 3500 € angespart. Den Rest muss er sich leihen und zahlt dafür nach einem Jahr 60 € Zinsen. Wie hoch war der Zinssatz?

3. a) Herr Schmidt benötigt ein Darlehen von 12000 € für einen Zeitraum von einem Jahr. Er erkundigt sich bei 2 Banken und erhält folgende Angebote:

   Bank 1 – Zinssatz 11%, keine Bearbeitungsgebühr

   Bank 2 – Zinssatz 10 %, Bearbeitungsgebühr: 150 €

   b) Nach 5 Monaten gewinnt Hr. Schmidt im Lotto und zahlt das Darlehen einschließlich der angefallenen Zinsen zurück. Wie viel muss Hr. Schmidt bezahlen?

4. Berechne die Zinsen für jeweils 5 Monate:

   a) 3500 € zu 4,5 %   b) 6900 € zu $2\frac{1}{2}$ %   c) 8600 € zu 3,2 %

5. Berechne die Zinsen: a) 5678 € zu 8 % in 100 Tagen

   b) 15000 € zu 4 % in 250 Tagen

   c) 340000 € zu 11 % in 14 Tagen

6. Herr Meyer hat sich am 01.01.2005 einen Betrag vom 50000 € bei seiner Bank geliehen. Der Zinssatz beträgt 4 %. Als er das Geld zurückzahlt, muss er 1500 € Zinsen bezahlen. Wann hat er das Geld bezahlt?

7. Thomas hat am 01.01.1999 ein Sparkonto mit 2500 € geschenkt bekommen. Das Geld wird bei einem Zinssatz von 3% verzinst. Am 01.01.2005 will Thomas einen Computer für 3000 € kaufen. Kann sich Thomas das leisten oder kann er sich sogar noch zusätzlich etwas kaufen?

8. Martin und Dennis legen jeweils 1500 € für 3 Jahre zu 4 % an. Martin hebt jedes Jahr seine Zinsen ab, Dennis lässt die Zinsen auf dem Konto. Wie groß ist der Zinsunterschied?

9. Vervollständige den Kontozettel: Zinssatz 3%

Datum	Text	Ein-/Auszahlung	Guthaben K	Tageszinsen
01.01.2005	bar	+3000 €		
11.02.2005	bar	+250 €		
15.11.2005	bar	-2000 €		
01.01.2006	Zinsen 2005			

Übungsblatt: Funktionen (1)

1. Welche der Zuordnungen sind Funktionen? Begründe!
   a. Briefgewicht → Porto
   b. Porto → Briefgewicht
   c. Parkzeit → Parkgebühr
   d. Parkgebühr → Parkzeit

2. Zeichnen von Schaubildern. Erstelle eine Wertetabelle und zeichne das Schaubild von folgenden Funktionen.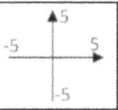

   a) $y = x - 3$
   b) $y = x^2 + 1$
   c) $y = \dfrac{1}{x}$

3. Punktprobe: Prüfe, ob die Punkte zum Schaubild der Funktion gehören. Entscheide zeichnerisch oder rechnerisch.

   $y = x^2 - 2$ Punkte: $A(0\,|\,-2)$, $B(2\,|\,0)$, $C(0\,|\,2)$, $D(-2\,|\,2)$, $E(2\,|\,3)$, $F(50\,|\,2488)$

4. Zeichne Steigungsdreiecke zu folgenden Steigungen.

   a) $\dfrac{2}{3}$ b) $\dfrac{4}{3}$ c) $0{,}5$ d) $\dfrac{3}{-7}$ e) $\dfrac{-5}{3}$ f) $0{,}8$ g) -5

5. Lies aus den Gleichungen die Steigung m und den Achsenabschnitt n ab.

   a) $y = 5x + 3$ b) $y = -\dfrac{3}{2}x - \dfrac{5}{2}$ c) $y = \dfrac{1}{9}x - 0{,}3$ d) $y = 0{,}3x$

6. Zeichne in ein Koordinatensystem eine Gerade durch die angegebenen Punkte A und B ein und lies die Gleichung der Funktion ab.

   a) $A(0\,|\,-2); B(2\,|\,0)$ b) $A(1\,|\,0); B(3\,|\,-2)$

7. Zeichne die Schaubilder der folgenden Funktionen in ein Koordinatensystem.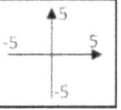

   a) $y = -5x + 2$ c) $y = \dfrac{2}{3}x - 3$ d) $y = \dfrac{3}{-5}x + 0{,}5$ e) $y = 4$

8. Bestimme den Schnittpunkt der Geraden:

   a) $y = -\dfrac{2}{3}x + 2$; $y = 2x - 2$
   b) $y = -x + 1$; $y = \dfrac{1}{2}x - 2$
   c) $y = 2x - 2$; $y = -x + 4$

9. Wandle die linearen Gleichungen in die allgemeine Form bzw. in die Normalform um.

   a) $x + y = 5$ b) $y = 2{,}5x - 5$ c) $2x + 3y = 6$ d) $y = 3x + \dfrac{2}{3}$

10. Herr Meier leiht sich für einen Umzug einen LKW. Er fährt 250 km und zahlt dafür 125 €. Herr Schmidt fährt mit demselben LKW 150 km und zahlt 85 €. Zeichne das Schaubild und bestimme die Funktionsgleichung (x-Achse: gefahrene km, y-Achse: LKW-Leihgebühr). Wie hoch ist die Grundgebühr?

11. Gib die Funktionsgleichungen an: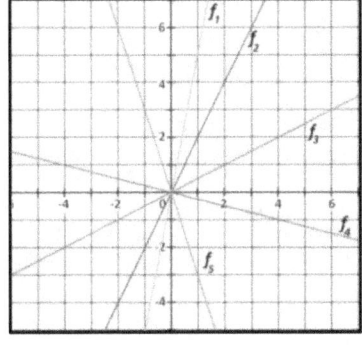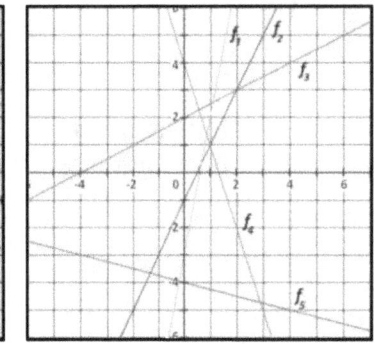

Übungsblatt: Gleichungssysteme

1. Bestimme den Schnittpunkt der Geraden:

   a) $f: y = \frac{1}{2}x + 1$
   $g: y = \frac{1}{4}x + 1$

   b) $f: y = 6x - 18$
   $g: y = -6x + 42$

2. Bestimme die Schnittpunkte mit der x-Achse und der y-Achse *rechnerisch* und überprüfe dann dein Ergebnis. Zeichne hierzu die Funktionen in ein Koordinatensystem.

   a) $y = 2x - 1$
   b) $y = -\frac{1}{3}x + 1$

3. Wandle die linearen Gleichungen in die allgemeine Form bzw. in die Normalform um.

   a) $x + 2y = 5$
   b) $y = 1,5x - 13$
   c) $x = 2y$
   d) $0 = y - 5x + 5$

4. Bestimme die Lösung der folgenden linearen Gleichungssysteme zeichnerisch und rechnerisch.

   a) $x + 2y = 8$
   $3x + 4y = 12$

   b) $x + y = 7$
   $x - y = 3$

   c) $2x + 3y = 6$
   $3x - 2y = 9$

5. Paul ist 6 Jahre älter als Klaus. In 5 Jahren sind beide zusammen 40 Jahre alt. Wie alt sind Klaus und Paul?

6. Die Summe zweier Zahlen ist gleich 18, die Differenz ihrer Quadrate 108. Wie heißen die beiden Zahlen?

7. Anwendungen: Stelle zunächst ein Gleichungssystem auf!

   a. Das Doppelte der Zahl x ist um 11 größer als die Zahl y. Die Summe beider Zahlen ist 34. Welche Zahlen sind es?
   b. Oma und Enkelin sind zusammen 102 Jahre alt. Die Oma ist fünfmal so alt wie ihre Enkelin.
   c. Addiert man die erste Zahl zum Dreifachen einer zweiten Zahl, so erhält man 57. Subtrahiert man aber die zweite Zahl von Dreifachen der ersten Zahl, so erhalt man das Ergebnis: 21 Wie heißen die beiden Zahlen?
   d. Geometrie: Der Umfang eines gleichschenkligen Dreiecks beträgt 39 cm. Jeder Schenkel ist 6 cm länger als die Basis. Berechne die Seitenlängen des Dreiecks.

8. Löse das Gleichungssystem durch das angegebene Verfahren:

Gleichsetzungsverfahren:	Einsetzungsverfahren:	Additionsverfahren:
I) $2x - y = 3$	I) $x - 3y = 6$	I) $3x - 6y = -9$
II) $3x + y = 2$	II) $y + 7 = 2x$	II) $2x - 5y = 2$

9. Untersuche die folgenden Gleichungssysteme und prüfe, ob der Sonderfall eines unerfüllbaren oder eines allgemeingültigen Systems vorliegt.

   a) I) $y = 2x - 1$
   II) $y = 2x - 3$

   b) I) $y - 2 = 1,5x$
   II) $2y - x = 4$

   c) $\frac{1}{2}x + \frac{3}{4}y = 5$
   $4x + 6y = 24$

   d) $2x + 3y = 0$
   $x = -1,5y$

Übungsblatt: Geometrie (3) (Dreiecke)

1. Wie groß sind die bezeichneten Winkel im gezeigten Dreieck? Begründe! Gib die Winkel ohne zu messen an.

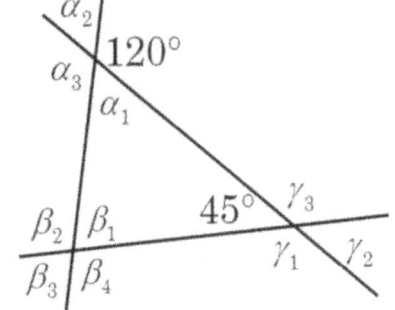

2. Konstruiere die folgenden Dreiecke. Zeichne dafür zunächst eine Planfigur.

   a) SSS → $a = 5{,}5\,cm$; $b = 4\,cm$; $c = 7\,cm$
   b) SWS → $b = 4{,}4\,cm$; $c = 6{,}5\,cm$; $\alpha = 55°$
   c) WSW → $b = 8\,cm$; $\alpha = 100°$; $\gamma = 22°$
   d) SWW → $c = 5\,cm$; $\alpha = 30°$; $\gamma = 65°$
   e) SSW → $b = 5{,}8\,cm$; $c = 6{,}5\,cm$; $\gamma = 45°$

3. Vermischte Konstruktionsaufgaben. Überlege dir welche Grundkonstruktion du anwenden musst und benenne sie jeweils bevor du das Dreieck konstruierst.

   a) $a = 5\,cm$; $\beta = 100°$; $\gamma = 40°$
   b) $a = 4{,}5\,cm$; $\alpha = 25°$; $\gamma = 100°$
   c) $a = 6\,cm$; $c = 3\,cm$; $\alpha = 85°$
   d) Gleichseitiges Dreieck mit den Seitenlängen 5cm
   e) Gleichschenkliges Dreieck (Grundseite 3cm, Schenkel 4,5cm)

4. Anwendungen: Bestimme die jeweils gesuchte Größe. Löse die Aufgabe zeichnerisch. Verwende einen geeigneten Maßstab und fertige dazu eine Zeichnung an.

   a) Der Schatten einer 7m langen Fahnenstange ist 10m lang. Unter welchem Winkel fallen die Sonnenstrahlen auf den Boden?

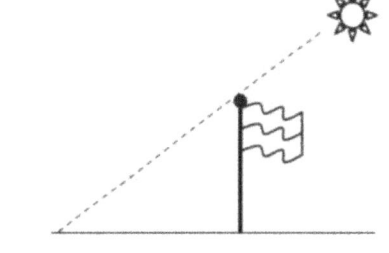

   b) Wie hoch ist das Haus?

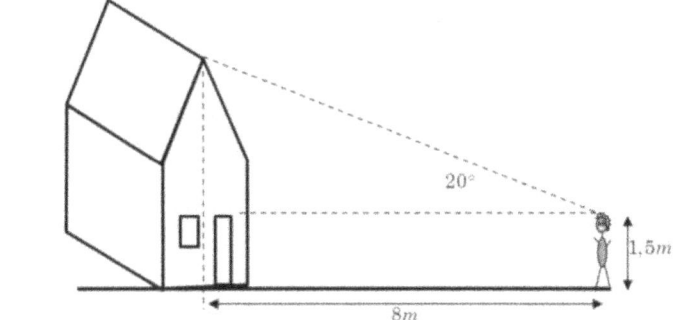

5. Zeichne in einem Koordinatensystem (Einheit: 1 Kästchen) durch die Punkte A, B und C den Winkel $\angle ABC$ und konstruiere jeweils die Winkelhalbierende.

   a. $A(12|1); B(3|5); C(1|17)$ b) $A(3|9); B(17|15); C(11|0)$

   c. Zeichne die Dreiecke $\triangle ABC$ zu Aufgabenteil a und b und konstruiere jeweils den Inkreis und den Umkreis.

6. Konstruiere zu den Dreiecken aus Aufgabe 2 jeweils den Inkreis und den Umkreis.

Übungsblatt: Geometrie (4) (Vierecke)

1. Wie groß sind die bezeichneten Winkel im gezeigten Viereck? Begründe! Gib die Winkel ohne zu messen an.

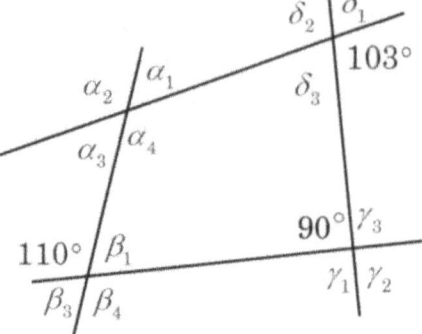

2. Berechne Umfang und Flächeninhalt der folgenden Figuren. Entnimm die Maße der maßgerechten Zeichnung.

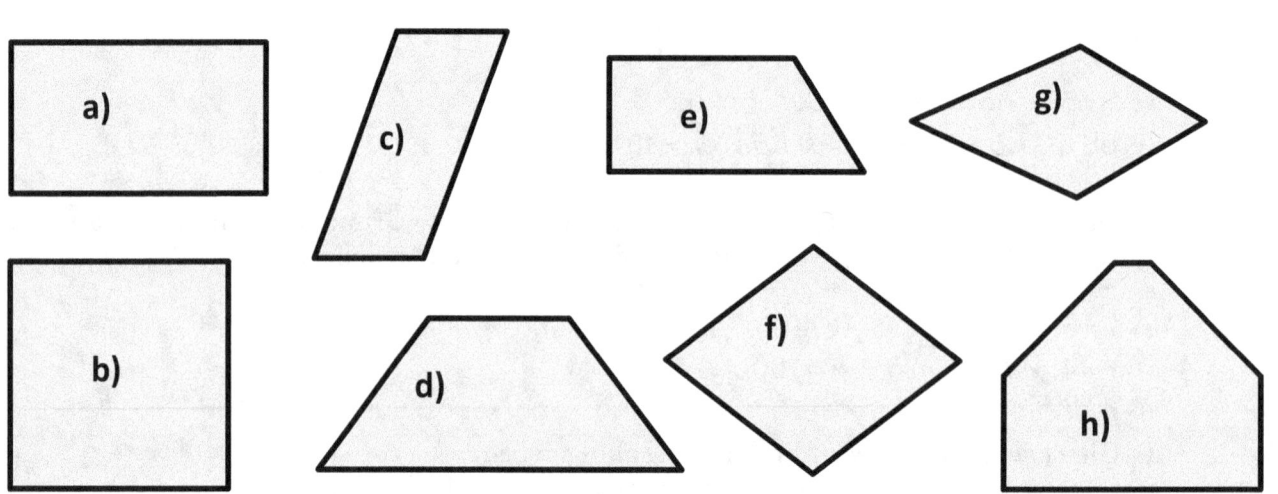

3. Konstruiere ein Parallelogramm und gib alle Strecken und Innenwinkel an:

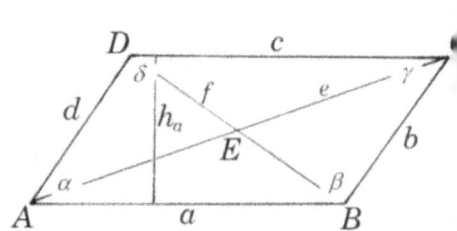

   a. $a = 5{,}2\,cm$; $b = 3{,}4\,cm$; $\alpha = 50°$
   b. $a = 6\,cm$; $b = 4\,cm$; $e = 8\,cm$

4. Zeichne in einem Koordinatensystem (Einheit: 1 Kästchen) die gegebenen Punkte ein und vervollständige das Viereck zur angegebenen Grundform.

   a. $A(6|5); B(14|3); C(12|12); D(\_\_|\_\_) \to$ Parallelogramm
   b. $A(7|5); B(13|2); C(13|13); D(\_\_|\_\_) \to$ symmetr. Trapez
   c. $A(7|5); B(13|6); C(\_\_|\_\_); D(4|15) \to$ Drachen
   d. $A(4|5); B(11|1); C(10|9); D(\_\_|\_\_) \to$ Raute

5. Berechne den Flächeninhalt der Drachen mit den gegebenen Angaben:

   a. $e = 13\,cm$; $f = 6\,cm$ b. $e = 9\,cm$; $f = 7\,cm$

Übungsblatt: Geometrie (5) (Prismen)

1. Welche der gezeigten Körper sind Prismen?

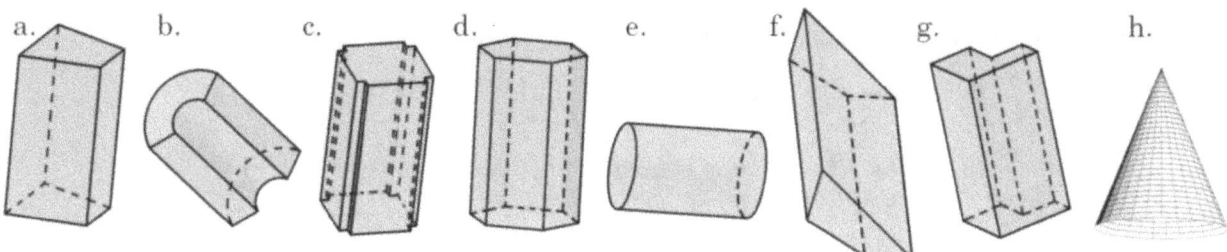

2. Prismenberechnung:

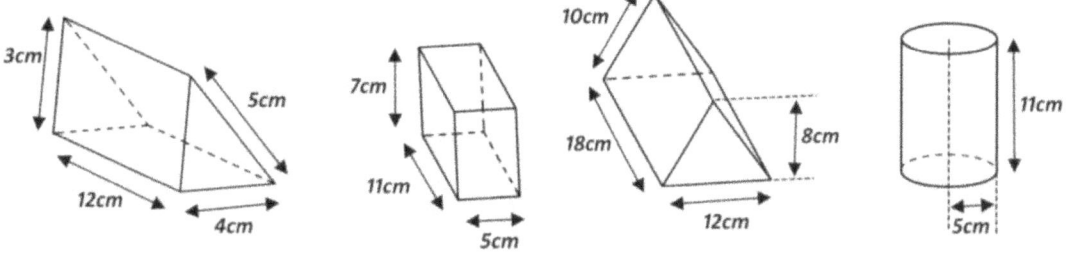

    a. Zeichne das Netz des jeweiligen Körpers.
    b. Berechne die Oberfläche des jeweiligen Körpers.
    c. Berechne das Volumen des jeweiligen Körpers.

3. Die Abbildungen zeigen die Grundflächen verschiedener Prismen. Sie sind alle 6 cm hoch.

    a) Zeichne die Netze.

    b) Berechne die Oberfläche und das Volumen.

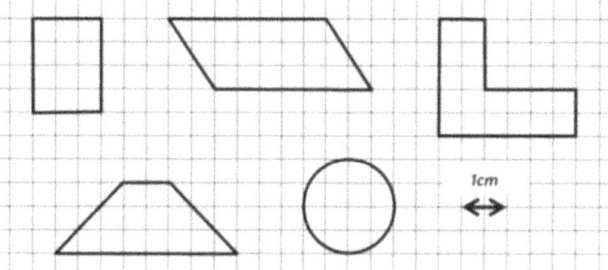

4. Färbe bei den Abbildungen rechts die Deckfläche grün, die Grundfläche gelb und den Mantel blau (nur sichtbare Flächen einfärben).

5. Berechne die Oberfläche und das Volumen eines Würfels mit der Kantenlänge a) 7cm b) 30 dm

6. Berechne die Oberfläche und das Volumen eines Quaders mit den Kantenlängen:
    a) $a = 3cm$; $b = 9cm$; $c = 5cm$
    b) $a = 3dm$; $b = 12cm$; $c = 0,5m$

7. Das Volumen eines Quaders beträgt 336 cm³. Zwei Kantenlängen sind gegeben: $a = 3,5cm$ und $b = 4,8cm$. Wie lang ist die dritte Kante?

8. Welche Kantenlänge hat ein Würfel mit einem Volumen von $V = 64 cm^3$?

9. Wie lang ist die dritte Kante eines Quaders mit der Oberfläche von $1900 cm^2$ ($a = 10cm; b = 20cm$)?

10. Berechne das Volumen und die Oberfläche des dargestellten zusammengesetzten Körpers (rechts).

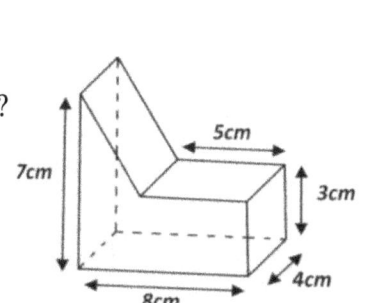

Übungsblatt: Terme und Binome

1. Terme: a) Schreibe als Term: „Das Doppelte einer um 5 vergrößerten Zahl"

      b) Löse die Klammern auf und fasse zusammen:

   i) $-(-6b-a)+(9a-a) =$ ii) $-(15a-3b)-11a+b =$

   iii) $(-7x-y)-(3y-y) =$ iv) $(6x+12)(2x-6)+21^2+(x+6)^2 =$

2. Terme umformen und vereinfachen:

   a) $(x+3)(y+2) =$ b) $(3y-1)(-y+2) =$ c) $4x+(3-5x) =$

   d) $(r+5)+6+2r =$ e) $x+(x-y) =$ f) $(-8)\cdot 3x-4x =$

   g) $(0{,}5r-s)(2r-0{,}1s) =$ h) $\left(\dfrac{5}{4}a-\dfrac{1}{2}b\right)\left(\dfrac{4}{5}a-\dfrac{8}{3}b+c\right) =$

3. Berechne die folgenden Binome:

   a) $(7-u)^2 =$ b) $(5z-2)(5z+2) =$ c) $(3p+5q)^2 =$

   d) $\left(7+\dfrac{4}{5}y\right)^2 =$ e) $\left(1+\dfrac{1}{2}x\right)\left(\dfrac{1}{2}x-1\right) =$ f) $(x^2+0{,}3)(x^2-0{,}3) =$

   g) $(x-y-1)(1-x) =$ h) $(2a+b)(5a-7b+2c) =$ i) $\left(-\tfrac{1}{2}x+y-\tfrac{1}{3}z\right)(8x-6z) =$

4. Berechne durch Anwendung der binomischen Formeln:

   a) $42\cdot 39 =$ b) $89^2 =$ c) $32\cdot 49 =$ d) $21^2 =$

5. Verwandle durch Ausklammern in ein Produkt:

   a) $6pq-5p =$ b) $-8pq^2+12p^2q =$ c) $7xy-5x =$

   d) $4a^2+16b^3-44c =$ e) $\dfrac{2}{3}xy-\dfrac{4}{3}x^2y =$ f) $75x+45y-60z =$

   g) $7a-7a^2 =$ h) $\dfrac{1}{2}a-\dfrac{1}{4} =$ i) $y^4+y^3 =$

   j) $12pq+14p+16q =$ k) $8x^3+x^2-4x^2y =$ l) $\dfrac{2}{3}x+\dfrac{4}{3}y =$

6. Ergänze die fehlenden Zahlen und Variablen:

   a. $(4u-\underline{\quad})^2 = \underline{\quad}-24uz+\underline{\quad}$ b. $(3x-\underline{\quad})^2 = \underline{\quad}-30xz+\underline{\quad}$

   c. $(x+\underline{\quad})^2 = x^2+\underline{\quad}xy+4y^2$ d. $(s+5)^2 = s^2+\underline{\quad}s+\underline{\quad}$

7. Vereinfache:

   a. $x^2-9y^2+(x+3y)^2-5xy =$ b. $-(2a+2b)(9a+15b)+2(3a+4b)^2 =$

   c. $(2x-3y)^2+3(x^2-3y^2) =$ d. $x(8x-17y)-(2x-y)^2-3(x-2y)^2+13y^2 =$

Übungsblatt: Gleichungen / Ungleichungen

Runde gegebenenfalls sinnvoll! Vergiss nicht die Maßeinheiten im Ergebnis, die Lösungsmenge bzw. die Antwortsätze bei Sachaufgaben.

1. Gleichungen. Gib die Lösungsmenge $\mathbb{L}$ an, es gilt für a-k: $\mathbb{G} = \mathbb{Q}$

    a) $3t + 21 = 4(t - 7)$ b) $2(3x - 2) = 2(3x + 1) - x$

    c) $4(7x + 3) - 9x = 7(3x - 2)$ d) $(x - 2)(3 - x) = 9 - x^2$

    e) $2x^2 - 50 = (2x - 1)(x - 5)$ f) $(a - 4)(a + 1) = (a + 2)(a - 3)$

    g) $9x^2 - 35 = (3x - 5)^2$ h) $4 = (x - 3)^2 - (x - 5)(x + 5)$

    i) $3(4 - 5s) = 25s$ j) $(3a - 6)(4a - 9) = 3 + 12a^2$ $\mathbb{G} = \mathbb{Z}$

    k) $(1 + 9x) \cdot 6 = (-4) \cdot (3 - 12x)$ $\mathbb{G} = \mathbb{N}$

2. Achte auf binomische Formeln

    a. $x^2 + 6x + 9 = 0$ b. $a(a + 2)^2 = 0$

    c. $(a + 2)^2 + (a - 1)^2 = 2a^2$ d. $(b + 9)^2 - (b - 5)^2 = 28$

3. Wenn die Seiten eines Quadrates um $7cm$ verlängert werden, dann vergrößert sich der Flächeninhalt um $119cm^2$. Welche Seitenlänge hatte das Quadrat ursprünglich?

4. Löse die Ungleichung, zeichne die Lösungsmenge auf der Zahlengeraden ein.

    a) $2x - 12 < 11x + 15$

    b) $-(3x - 4) \geq x - 4$

    c) $(x + 5)^2 \geq (x - 6)(x + 9)$

5. Ein Brezelverkäufer rechnet mit 17€ festen Unkosten (Miete, usw.) pro Tag. Am Verkauf einer Brezel verdient er 0,15€. Wie viele Brezeln muss er täglich verkaufen, damit er mindestens 100€ Gewinn macht?

6. Löse die Formel für die Berechnung des Volumens eines Quaders nach allen möglichen Variablen auf.

7. Bei einer Klassenarbeit wurde der Notenspiegel ermittelt.
    a) Welcher Notendurchschnitt wurde erreicht?

1	2	3	4	5	6
2	2	4	6	2	1

    b) Bei einer anderen Klassenarbeit ist ein Tintenklecks auf den Notenspiegel getropft. Ergänze die fehlende Zahl unter der Bedingung, dass sich ein Notenspiegel von 3,0 ergeben hat.

1	2	3	4	5	6	$\varnothing$
3	?	5	5	2	2	3,0

Übungsblatt: Gleichungen

Beispiel:
$36 + x = 2(x+7)$
$36 + x = 2x + 14 \quad |-2x$
$36 - x = 14 \quad |-36$
$-x = -22 \quad |\cdot(-1)$
$\underline{\underline{x = 22}}$

Probe:
$36 + x = 2 \cdot (x+7)$
$36 + 22 = 2 \cdot (22+7)$
$58 = 2 \cdot 29$
$58 = 58 \quad$ (wahr)
$\Rightarrow \mathbb{L} = \{22\}$

a) $6x = 2 \cdot (x+3)$
b) $5 \cdot (3-2x) = -15x + 100$
c) $17x - 8 = 6 \cdot (3x-1)$
d) $18 = 2 \cdot (2x-4) + 10$
e) $8 \cdot (3x-4) = 6 \cdot (-4x-2))$

f) $x \cdot (3x+1) = 10 + 3x^2$
g) $2x^2 + 2x + 4 = 2x^2 + 100$
h) $2x \cdot (2+4x) = 9 + 8x^2$
i) $2x \cdot (12+2x) + 18 = 4x^2$
j) $4 - 3x^2 = 3x \cdot (-2-x)$

k) $x^2 = (x+2)^2$
l) $(y+3)^2 = 18 + y^2$
m) $(x+5)^2 = (5-x)^2$
n) $(x-7)^2 = (x+1)^2 + 18$
o) $12 + (2+x)^2 = (x+2) \cdot (x+4)$

p) $2k \cdot (2+4k) = 32 + 8k^2$
q) $b \cdot (3b+1) = 10 + 3b^2$
r) $\dfrac{16-2u}{2} = 4u - 7$
s) $7 \cdot (9h - 45) = 0$
t) $4q - 14 = 4 \cdot (3q-2)$

Übungsblatt: Funktionen (2)

1. Erstelle eine Wertetabelle und zeichne das Schaubild.
    a. $f(x) = 2{,}5x$
    b. $f(x) = -\frac{3}{5}x + 3$

2. Entscheide: Ist die Funktion linear, Proportional oder keines von beiden?
    a. $f(x) = \frac{2}{3}x - 4$
    b. $f(x) = 5x$
    c. $f(x) = 8$
    d. $f(x) = \frac{3}{5}x$

3. Bestimme die Funktionsgleichungen.

    $f_1(x): blau$
    $f_2(x): rot$
    $f_3(x): orange$
    $f_4(x): grün$

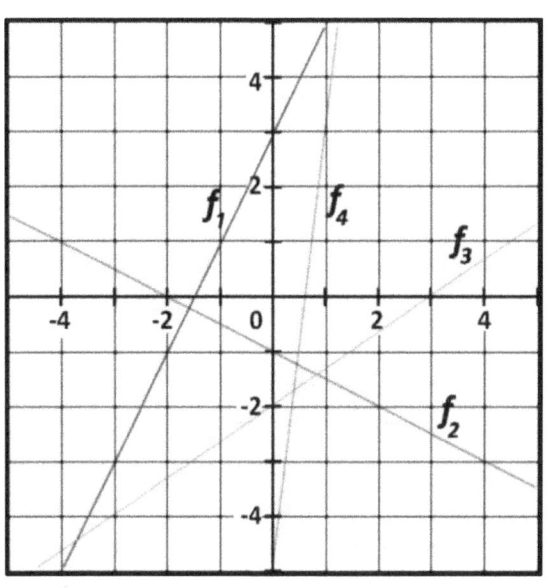

4. Zeichne Steigungsdreiecke zu folgenden Steigungen:

    a) $\frac{2}{3}$ b) $\frac{4}{3}$
    c) $0{,}5$ d) $\frac{3}{-7}$
    e) $\frac{-5}{3}$ f) $0{,}8$ g) -5

5. Beide Punkte gehören zum Graphen einer proportionalen Funktion. Bestimme die fehlenden Werte:
    a. $A(2|1{,}5); B(6|\underline{})$
    b. $A(-2|4); B(-1{,}5|\underline{})$
    c. $A(2|0{,}5); B(5|\underline{})$

6. Eine Bambuspflanze wächst ca. 40 cm pro Tag.
    a. Welche Höhe hat eine ursprünglich 2m hohe Pflanze nach 5 Tagen erreicht?
    b. Stelle eine Funktionsgleichung zu dieser Aufgabe auf.
    c. Nach welcher Zeit hat die Pflanze eine Höhe von 10m erreicht? Zeichne hierzu ein Schaubild der Funktion.

7. Zwei Online-Dienste sollen verglichen werden. Für welchen Anbieter soll ich mich entscheiden?

Tarif „Online-Spezial"	
Grundpreis pro Monat	9€
Preis pro Stunde	1€

Tarif „Super-Online"	
Grundpreis pro Monat	4€
Preis pro Stunde	1,80€

Übungsblatt: Ähnlichkeit, Strahlensätze

1. Welche der dargestellten Dreieck (❶ bis ❼) sind zum Rechteck oben links ähnlich und welche sind kongruent?

2. Zeichne zwei Sterne die zum hier dargestellten Stern ähnlich sind.

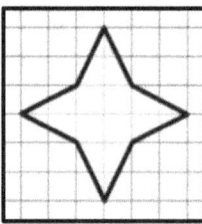

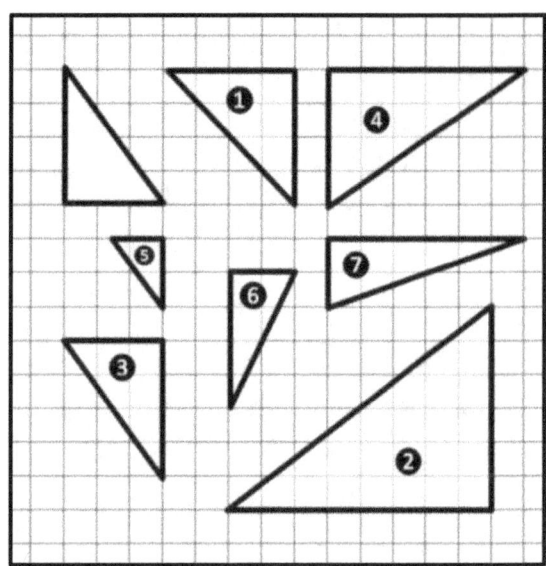

3. Berechne die fehlenden Werte in der Tabelle:

Bild	Maßstab	Original
12cm	3:5	
8cm		24cm
	1:20	500m
1cm		100m
30cm	5:2	
	100:1	287mm

4. Richtig oder falsch? Prüfe die Aussagen! (kreuze an ☒)

   a. Zwei rechtwinklige Dreiecke sind immer zueinander ähnlich. Richtig ☐ | Falsch ☐
   b. Zwei Quadrate sind immer zueinander ähnlich. Richtig ☐ | Falsch ☐
   c. Zwei Rechtecke sind immer zueinander ähnlich. Richtig ☐ | Falsch ☐

5. Zeichne das Dreieck mit $A(2|3)$; $B(6|4)$; $C(3|7)$ und das Streckzentrum $Z(1|2)$ in ein Koordinatensystem. Strecke das Dreieck ABC.

   a) mit $k=3$ b) mit $k=\frac{1}{2}$

6. Berechne die gesuchten Längen x, y, z. (Abb. rechts, Maße in cm)

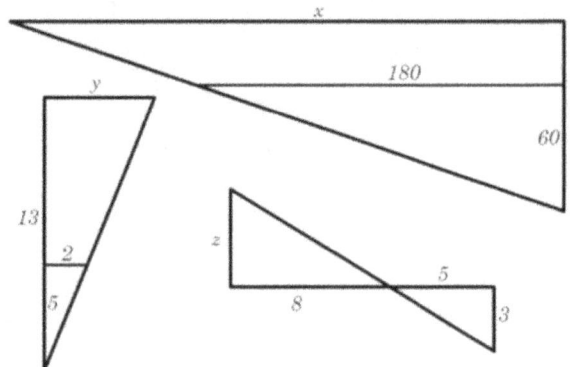

7. Zerlege eine Strecke von $8cm$ zeichnerisch mithilfe der Strahlensätze in 5 gleich große Teile.

8. Mithilfe eines Lineals kann die Höhe eines Turms berechnet werden. Die folgende Abbildung zeigt die Vorgehensweise. Wie hoch ist der Turm?

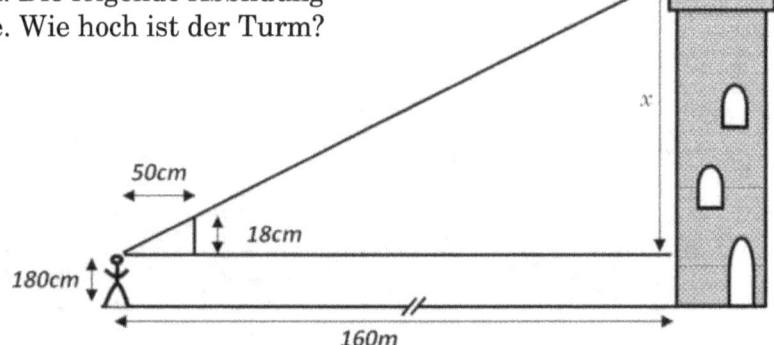

Übungsblatt: Pythagoras

Fertige gegebenenfalls eine Skizze zu den Aufgaben an.

1. Formuliere den Satz des Pythagoras für die angegebenen Dreiecke:

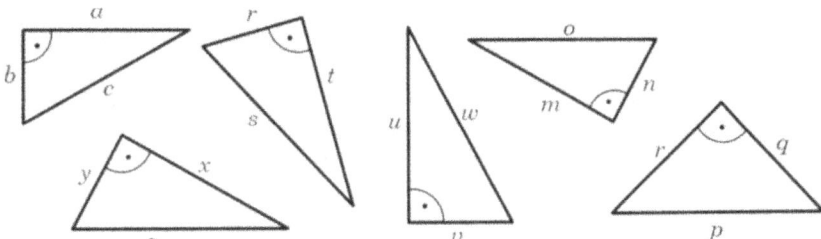

2. Bestimme die fehlende Seite des rechtwinkligen Dreiecks ABC ($\gamma = 90°$):

   (Runde gegebenenfalls auf 2 Nachkommastellen)

Länge a [cm]	6	14	
Länge b [cm]	8		0,33
Länge c [cm]		28	0,36

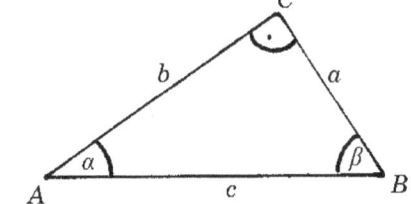

3. Berechne die Länge der Strecke x. (Angaben in cm)

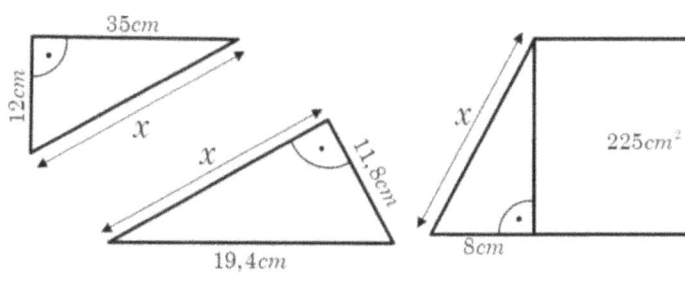

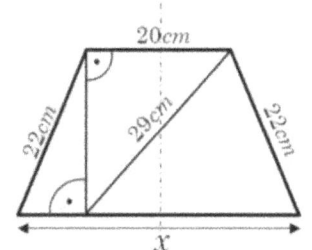

4. Die Füße einer Stehleiter stehen 1,20m auseinander. Wie lang müssen die Kanten der Leiter sein, wenn die Spitze der Leiter 3m über dem Erdboden liegen soll?

5. Zur Berechnung der Erdmassen bei der Aufschüttung eines 6m hohen Dammes benötigt man alle Maße des vorliegenden Querschnitts. Berechne die Länge der Dammsohle und seine Querschnittsfläche.

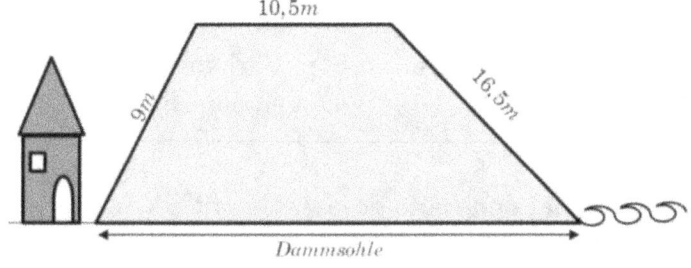

6. Berechne die Länge der Raumdiagonalen e des Quaders mit den Kantenlängen: $a = 46\,cm; b = 34\,cm; c = 27\,cm$.

7. Kann man einen 2,30m hohen und 45cm tiefen Wandschrank in einem 2,40m hohen Raum aufstellen? Begründe deine Antwort durch eine Rechnung.

Übungsblatt: Der Kreis

1. Berechne die fehlenden Werte in der Tabelle:

Radius	Durchmesser	Umfang	Kreisfläche
5cm			
	7dm		
		30cm	
			90m²

2. Peter fährt mit seinem Fahrrad eine Strecke von 20km. Er hat 28-Zoll-Räder mit einem Durchmesser von ca. 71cm.
   a. Wie viele Umdrehungen macht eines der Räder bei der Fahrt?
   b. Seine Schwester hat nur 26-Zoll-Räder bei ihrem Fahrrad $(d \cong 66cm)$. Wie weit kommt sie bei der gleichen Anzahl von Umdrehungen ihrer Räder?

3. Eine Rolle Paketklebeband hat einen Durchmesser von ca. 8cm. Wie oft wird das Band auf der Rolle aufgewickelt bei einer Klebebandlänge von 50m?

4. Berechne den Umfang und die Fläche der grau dargestellten Flächen:

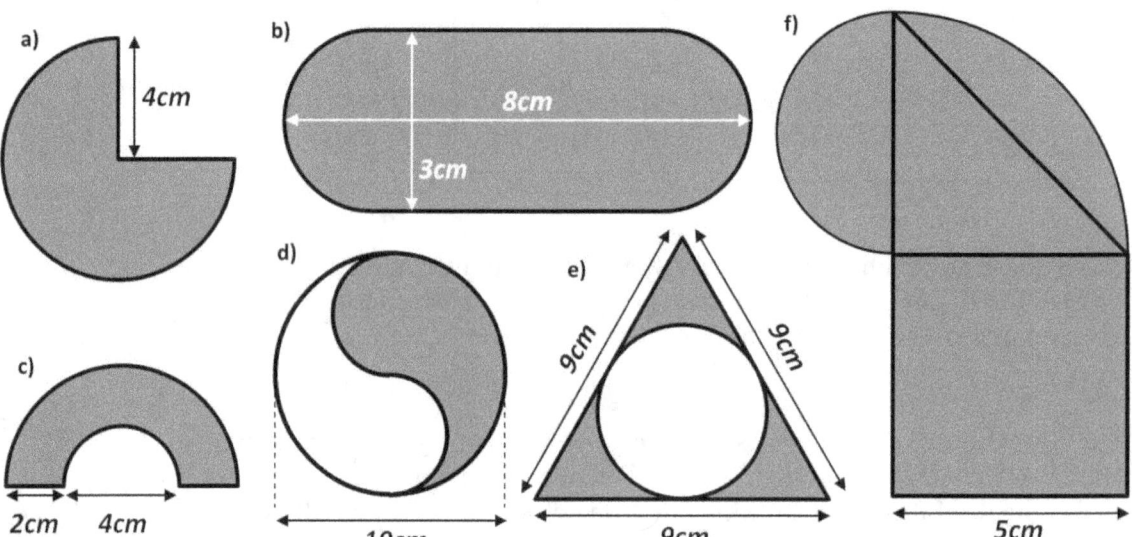

5. Berechne die Fläche der roten Umrandung und den Umfang des Verkehrsschildes. Das gleichseitige Dreieck im Inneren hat eine Seitenlänge von 4 cm, der Rahmen hat eine Breite von 1 cm.

6. Eine 20 cm lange Zahnbürste ragt 6,5 cm über den Rand des Glases mit einem Durchmesser von 6 cm hinaus. Wie viel Wasser passt in das Glas? Fertige gegebenenfalls eine Skizze an.

7. Eine Dachrinne ist 2m lang und hat den folgenden Querschnitt. Durch eingefallene Blätter ist der Abfluss verstopft und das Wasser kann nicht mehr ablaufen. Berechne die Menge des enthaltenen Wassers und das Gewicht in der Dachrinne (Dichte Wasser: 1kg/dm³).

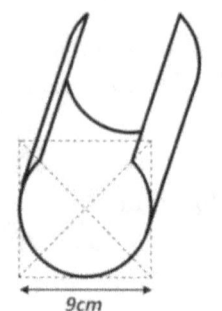

Übungsblatt: Wurzeln

1. Gib den fehlenden Wert an.

   a. $\sqrt{9} = \underline{}$; $\sqrt{144} = \underline{}$; $\sqrt{\frac{4}{81}} = \underline{}$; $\sqrt{1} = \underline{}$

   b. $\sqrt{\underline{}} = 5$; $\sqrt{\underline{}} = 1{,}5$; $\sqrt{\underline{}} = 0{,}01$; $\sqrt[3]{\underline{}} = 5$

2. Berechne den Wert der Wurzelausdrücke (ohne Taschenrechner!).

   a) $\left(\sqrt{12}\right)^2$; $\sqrt{8} \cdot \sqrt{8}$; $\frac{3}{4} \cdot \sqrt{64}$; $\sqrt{5} \cdot \sqrt{5} \cdot \sqrt{5} \cdot \sqrt{5}$; $\sqrt{4^4}$; $\left(\sqrt{3}\right)^3 \cdot \sqrt{3}$; $\sqrt{\sqrt{81}}$

   b) $\sqrt{x^2}$; $\sqrt{16a^2}$; $\sqrt{25t^2}$; $\frac{1}{3} \cdot \sqrt{9 \cdot s^2}$

3. Bestimme mittels der Intervallschachtelung die Lösung auf 3 Stellen genau:

   a) $\sqrt{7}$ b) $\sqrt{17}$

4. Berechne die folgenden Terme. (Gib das Ergebnis zunächst *genau* an. Wenn nötig, gib dann das auf drei Nachkommastellen gerundete Ergebnis an)

   a) $\sqrt{64} - \sqrt{16}$ b) $\sqrt{64-16}$ c) $\sqrt{5^2-4^2}$ d) $\sqrt{81^2} + \sqrt{36}$ e) $\sqrt{5^4}$

   f) $3 \cdot \sqrt{49} + 5 \cdot \sqrt{49}$ g) $\sqrt{5} + 5\sqrt{5}$ h) $9\sqrt{9} - 9$ i) $\sqrt{2} \cdot \sqrt{12{,}5}$ j) $\sqrt{\frac{9}{49}}$

   k) $\sqrt{\frac{1}{16} \cdot 36}$ l) $\sqrt{63} : \sqrt{9}$ m) $\sqrt{0{,}25} \cdot \sqrt{8}$ n) $\sqrt{2} \cdot \sqrt{6} \cdot \sqrt{12}$

5. Vereinfache folgende Wurzelterme so weit wie möglich durch Anwendung der Wurzelgesetze. (*Keine* Dezimalzahlen angeben!)

   a. $2 \cdot \sqrt{13} + 5 \cdot \sqrt{13} =$ b. $-\sqrt{6} - 2 \cdot \sqrt{6} =$ c. $\sqrt{2a} \cdot \sqrt{12b} \cdot \sqrt{6ab} =$ d. $\sqrt{\frac{108x^4 y^3}{2}} : \sqrt{\frac{3x^2 y}{2}} =$

6. Ziehe teilweise die Wurzel und gib dann das Ergebnis gerundet auf zwei Nachkommastellen an.

   a) $\sqrt{50}$ b) $\sqrt{18}$ c) $\sqrt{\frac{3}{25}}$ d) $\sqrt{32} + \sqrt{8}$ e) $\sqrt{75} + \sqrt{3}$

7. Der betrachtete Körper ist aus 6 Würfeln zusammengesetzt. Berechne die Oberfläche für den angegebenen Körper:
   Es gilt: $V = 384 cm^3$

8. Für den Körper aus Aufgabe 7 gilt jetzt: $O = 162{,}5 cm^2$
   Berechne das Volumen!

9. Berechne für die Abb. 2 den Umfang. Flächeninhalt F = 225 cm^2

Übungsblatt: Stereometrie

1. Berechne die Oberfläche und Volumen der dargestellten Körper:

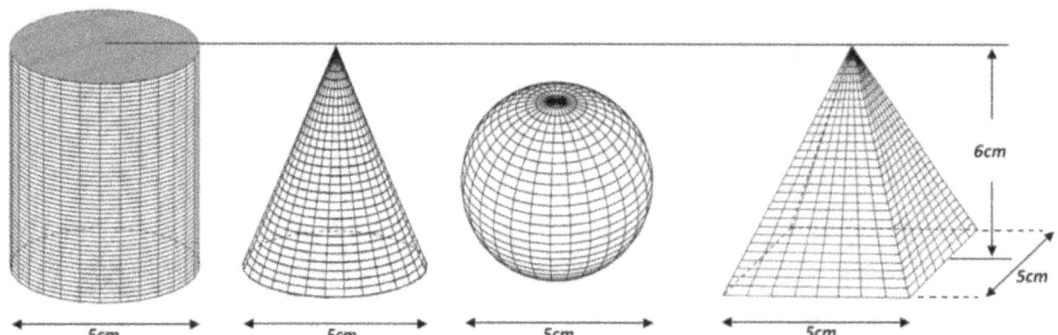

2. Lübecks Wahrzeichen ist das Holstentor (Bild rechts). Das Dach eines Turms hat die von außen messbare Größe des Durchmessers der Grundfläche $d = 12m$. Die Höhe eines Turmdaches beträgt ca. $h_k = 21m$.

   a) Das Dach soll neu gedeckt werden. Wie groß ist die Dachfläche?
   b) Berechne das Dachvolumen der Türme?

3. Die Abbildung rechts zeigt einen Quader mit einer Bohrung. Berechne Volumen und Oberfläche des Werkstücks, entnimm dabei die notwendigen Größen der Maßgerechten Zeichnung.

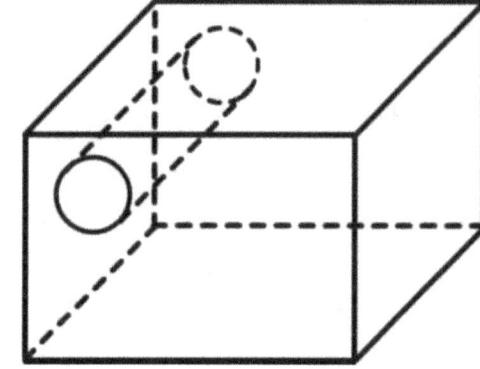

4. Ein Heißluftballon hat einen Rauminhalt von 1000m³. Dabei kann man die obere Seite des Ballons als Halbkugel und die untere Seite als Kegel annähern dessen Höhe mit dem Durchmesser der Grundfläche übereinstimmt. Wie viel Quadratmeter Material wird für den Ballon benötigt? Berücksichtige hierbei einen Mehrbedarf durch den Verschnitt bei der Herstellung von 10%.

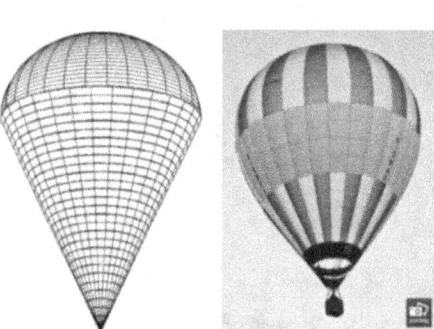

5. Prismen und Pyramiden

   In den dargestellten Bildern sieht man einen 4-seitigen, einen 6-seitigen und einen 8-seitigen Würfel. Berechne die Materialmenge (in cm^3) zur Herstellung der dargestellten Würfel unter der Voraussetzung, dass alle Kanten der Würfel 2cm lang sind.

   Die Würfel werden aus Elfenbein ($\rho = 1{,}8 \frac{g}{cm^3}$) hergestellt. Wie schwer sind die Würfel? Weiterhin sollen die Würfel nun farbig angemalt werden.
   Berechne die Größe der bemalten Fläche.

Übungsblatt: Umkehrfunktion, Potenzen

1. Welche der folgenden Funktionen hat eine Umkehrfunktion?
    a. Gewicht Obst → Preis
    b. Zeit eines Telefonates → Telefongebühren

2. Prüfe, ob die Funktionen eine Umkehrfunktion besitzen.

3. Bestimme rechnerisch die Gleichung der Umkehrfunktion und zeichne das Schaubild:

    a. $f_{(x)} = 0{,}2x + 4$ b. $f_{(x)} = 2x + 0{,}4$
    c. $f_{(x)} = 4x$ d. $f_{(x)} = x^2$ mit $D_f = \mathbb{R}^-$

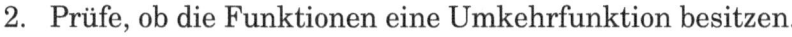

4. Berechne die Potenzwerte: a) $(-1)^3$ b) $-(-1)^3$ c) $(-2)^3$ d) $-(-2)^3$

5. Ein Papier wird zunächst einmal in zwei Hälften zerteilt. Anschließend werden die beiden Teile erneut jeweils in zwei Hälften zerteilt. Wie viele Papierschnipsel erhält man nach fünf Durchgängen? Drücke dein Ergebnis durch eine Potenz aus.

6. Schreibe als eine Potenz (falls möglich):

    a) $\dfrac{4^{12}}{4^8}$ b. $\dfrac{5^9}{5^3}$ c. $\dfrac{2 \cdot 4^4}{8^3}$ d) $\dfrac{2 + 4^4}{8^3}$ e) $\dfrac{2^4 \cdot 4^4}{8^3}$

7. Berechne die Potenzen:

    a. 4^2 b. 4^3 c. 4^4 d. $\left(\dfrac{4}{5}\right)^3$ e. $\dfrac{4^3}{5}$

    f. $\left(-\dfrac{4}{5}\right)^3$ g. $5 \cdot \sqrt{5}^4$ h. $2^3 \cdot 4 \cdot 3^2$ i. $2^3 + 4 \cdot 3^2$ j. $2^3 + (4 \cdot 3)^2$

    k. $(2^3 + 4) \cdot 3^2$ l. $2^3 \cdot 4 - 3^2$ m. $2^3 \cdot (4-3)^2$ n. $\left(2^3 \cdot (4-3)\right)^2$

8. Schreibe als Potenz:
    a. 100   b. 1 000 000   c. 10 000 000   d. 16
    e. 27   f. 64   g. 8   h. 34 000
    i. 4 500 000   j. 345 000 000   k. $\left(\sqrt[6]{45}\right)^2$ l. $\left(\sqrt[4]{4^3}\right)^2$

9. Schreibe ohne Zehnerpotenz:
    a. $4{,}72 \cdot 10^3$ b. $8{,}35 \cdot 10^7$ c. $8{,}2648 \cdot 10^3$

10. Vereinfache (wenn möglich) die Summe bzw. die Differenz:

   a. $3^2 + 3^2$ b. $2^3 + 3^2$ c. $3 \cdot 3^2 + 0{,}3 \cdot 3^2$ d. $9 \cdot 4^3 - 3 \cdot 3^2 - 4 \cdot 4^3 + 8 \cdot 3^2$

   e. $5 \cdot s^5 + 3 \cdot s^5$ f. $a \cdot b^4 - p \cdot c^3 + q \cdot b^4$ g. $5 \cdot s^5 + 3 \cdot s^4$

11. Vereinfache, wenn möglich:

   a. $3^2 \cdot 3^2$ b. $2^3 \cdot 3^2$ c. $4 \cdot 3^2 \cdot 0{,}3 \cdot 3^2$ d. $\left(\dfrac{3}{4}\right)^3 \cdot \left(\dfrac{3}{4}\right)^5$

   e. $(3 \cdot 3) : 3^2$ f. $(x+2)^3 : (x+2)^2$ g. $(x+2)^n \cdot (x+2)^2$

   h. $(x+2)^{n+3} : (x+2)^n$ i. $e^n \cdot f^n$ j. $(x+2)^{n+3} : (x-2)^{n+3}$

   k. $\sqrt{3}^4 \cdot \sqrt{4}^4$ l. $\dfrac{(-3)^2 \cdot (10)^2}{(-5)^2}$ m. $\left(4^3\right)^2$ n. $\left(3xy^2\right)^3$

   o. $9 \cdot 3^{n-2} + 4 \cdot 3^n$ p. $75 \cdot 5^{n+2} + 3 \cdot 5^{n+4}$ q. $\left(9 \cdot 3^{n-2} + 4 \cdot 3^n\right) 3^2$

   r. $\dfrac{x^2 \cdot x^{n-2} + 4 \cdot x^n}{x^{n-1}}$ s. $(x^2 + 2x^3)(3x^4 - 4x^5)$ t. $(p^4 - q^3)^2$

12. Schreibe als Potenz mit negativen Exponenten:

   a) $\dfrac{1}{36}$ b) $\dfrac{1}{x^5}$ c) $\dfrac{x}{y^n}$ d) $\dfrac{1}{4^3 a^3}$

13. Schreibe als Zehnerpotenz bzw. als Zahl

   a) $0{,}000000435$ b) $0{,}0036$ c) $9{,}268 \cdot 10^7$ d) $9{,}268 \cdot 10^{-7}$ e) 33400000

14. Schreibe als Wurzel: a) $27^{\frac{1}{3}}$ b) $25^{\frac{1}{2}}$ c) $32^{\frac{7}{5}}$ d) $8^{0{,}2}$

15. Schreibe als Potenz: a) $\sqrt[4]{5}$ b) $\left(\sqrt[4]{3}\right)^2$ c) $\left(\sqrt[5]{30}\right)^3$ d) $\left(\sqrt[3]{x^2}\right)^4$

16. Zeichen die Potenzfunktionen: a) $f : y = x^3$ b) $f : y = x^{-4}$ c) $f : y = x^{-5}$

17. Zeichne einen geeigneten Zahlenstrahl und markiere die folgenden Zahlen:

   $5073200 \cdot 10^{-5}$; $0{,}0000125317 \cdot 10^6$; $257900 \cdot 10^{-5}$; $252780 \cdot 10^{-4}$; $1{,}765 \cdot 10^{-1}$

Übungsblatt: Quadratische Funktionen

1. Zeichne die Funktionen:
   → Wertetabelle erstellen!
   → Zeichne jeweils 4 Funktionen in ein Koordinatensystem [I)a-d und II)a-d].
   → Verwende jeweils ein Koordinatensystem: $x \to -7...7; y \to -5...5$.

   I) a. $f_1(x) = (x-2)^2$ b. $f_2(x) = (x+3)^2 - 3$
       c. $f_3(x) = x^2 - 2^2$ d. $f_4(x) = 3x^2$
   II) a. $f_1(x) = -0{,}5x^2$ b. $f_2(x) = 0{,}25(x-1)^2$
       c. $f_3(x) = -3(x+2)^2$ d. $f_4(x) = 3(x+4)^2 - 2$

2. Prüfe, welche Punkte auf der Normalparabel liegen:

   $A(0{,}4|1{,}6)$ $B(0{,}4|0{,}16)$ $C(-2{,}5|-6{,}25)$ $D(-9{,}9|98{,}01)$

3. Nenne fünf Punkte die auf der Funktion $f_{(x)} = 2x^2$ liegen.

4. Wie lauten die Funktionsgleichungen:
   a. Normalparabel, verschoben um 3 Einheiten nach oben.
   b. Normalparabel, verschoben um 1,5 Einheiten nach unten.
   c. Normalparabel, verschoben um 2 Einheiten nach links.
   d. Normalparabel, verschoben um 4,5 Einheiten nach rechts.
   e. Normalparabel, verschoben um 3 Einheiten nach oben und 2 Einheiten nach links.

5. Gib die Funktionsgleichungen der verschobenen Normalparabel an mit dem Scheitelpunkt:
   a. $S(0|3)$ b. $S(-2|0)$ c. $S(1|-4)$

6. Bestimme die Funktionsgleichung und den Scheitelpunkt für folgende Funktionen:

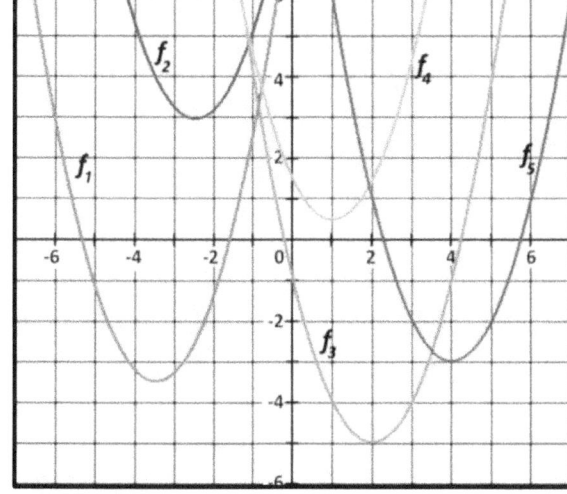
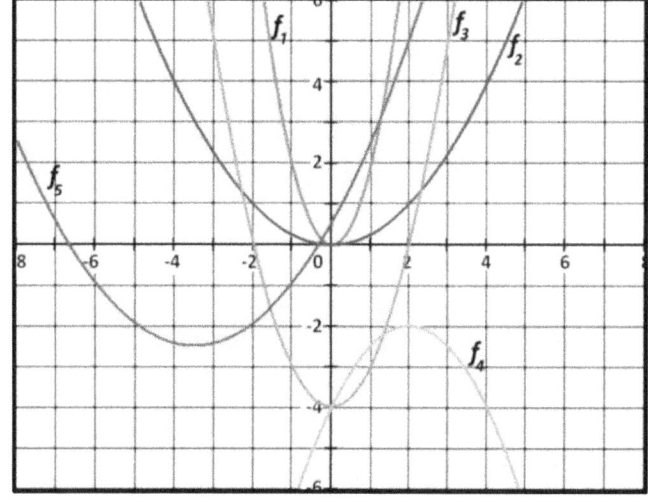

7. Überführe in die Scheitelpunktsform und bestimme den Scheitelpunkt:
   a. $f_{(x)} = x^2 + 14x + 49$ b. $f_{(x)} = x^2 - 10x + 10$

8. Lies den Scheitelpunkt der folgenden quadratischen Funktionen ab:
   a. $f_{(x)} = 3(x-2)^2 + 5$ b. $f_{(x)} = -0{,}5(x+3)^2 - 2$

9. Bestimme den Scheitelpunkt der quadratischen Funktionen:
   a. $f_{(x)} = x^2 - 6x + 5$ b. $f_{(x)} = x(x-6)$ c. $f_{(x)} = (x-2)(x+3)$

Übungsblatt: Quadratische Gleichungen

1. QG der Form $\boxed{x^2 = q}$; Bestimme die Lösungsmenge der quadratischen Gleichungen 1) rechnerisch und 2) zeichnerisch.
    a. $x^2 = 49$
    b. $x^2 - 1,96 = 0$
    c. $x^2 + 25 = 0$
    d. $-72 + 2x^2 = 0$
    e. $(x+4)(4x-16) = 0$

2. QG der Form $\boxed{x^2 + px = 0}$; Bestimme die Lösungsmenge der quadratischen Gleichungen 1) rechnerisch und 2) zeichnerisch.
    a. $x \cdot (x-3) = 0$
    b. $3x^2 = 0$
    c. $x^2 - 0,25x = 0$
    d. $5x^2 = 5x$
    e. $(x+2)^2 = 4$

3. QG der Form $\boxed{x^2 + px + q = 0}$
    a. Bestimme die Lösungsmenge der quadratischen Gleichungen 1) rechnerisch nach einem Verfahren deiner Wahl und 2) zeichnerisch.
        i. $x^2 - x - 2 = 0$
        ii. $4x^2 - 12x + 9 = 0$
    b. Bestimme die Lösung mittels der Lösungsformel:
        i. $x^2 - 2x - 35 = 0$
        ii. $x^2 + 2x + \dfrac{3}{4} = 0$
    c. Bestimme die Lösung mittels quadratischer Ergänzung:
        i. $x^2 - 2x - 3 = 0$
        ii. $x^2 + 4x - 10 = 2$
        iii. $x^2 - x = \dfrac{15}{4}$

4. Entscheide selbst welche Form der Quadratischen Gleichung gegeben ist und löse nach einem Verfahren deiner Wahl.
    a. $x^2 - 7x = 0$
    b. $2x^2 + 12 = x^2 + 48$
    c. $(x-3)\left(x + \dfrac{1}{4}\right) = 0$
    d. $x^2 + 3x + 10 = 20$
    e. $(x-3)^2 = -20$
    f. $2t(t+3) + 10 = (t-2)(t+1)$
    g. $(x-5)^2 - x(2+x) = 9$

Übungsblatt: Trigonometrie

1) Die Stufen einer Treppe sind 25 cm breit und 15 cm hoch. Welchen Steigungswinkel hat die Treppe?

2) Beim Überqueren eines 50 m breiten Flusses wird eine Fähre durch die Strömung um 16° abgetrieben. Wie weit muss die Fähre zum anderen Ufer fahren?

3) Ein Klassensaal hat eine Länge von 9 m und einer Breite von 8 m. Der Saal ist 3 m hoch. Berechne den Winkel zwischen der Raumdiagonalen e mit der Fußbodendiagonalen f (Flächendiagonalen in der Fußbodenebene).

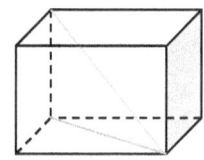

4) Berechne die fehlenden Längen und Winkel im gezeichneten Dreieck (falls möglich):

a) $b = 8{,}5\,cm$; $\alpha = 58°$; $\gamma = 85°$
b) $a = 19\,cm$; $b = 16{,}6\,cm$; $\alpha = 62°$
c) $c = 24\,m$; $\alpha = 27°$; $\gamma = 88°$
d) $a = 6\,cm$; $b = 8\,cm$; $c = 16\,cm$
e) $a = 9{,}2\,cm$; $c = 13\,cm$; $\beta = 67°$
f) $a = 18{,}4\,cm$; $b = 12{,}2\,cm$; $c = 9\,cm$

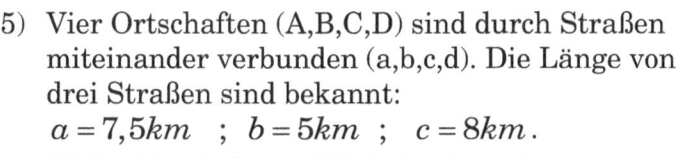

5) Vier Ortschaften (A,B,C,D) sind durch Straßen miteinander verbunden (a,b,c,d). Die Länge von drei Straßen sind bekannt:
$a = 7{,}5\,km$; $b = 5\,km$; $c = 8\,km$.
Weiterhin sind zwei Winkel bekannt:
$\sphericalangle DAB = 80°$; $\sphericalangle BCD = 70°$
Berechne die Entfernung von A nach D und die Fläche zwischen den Ortschaften.

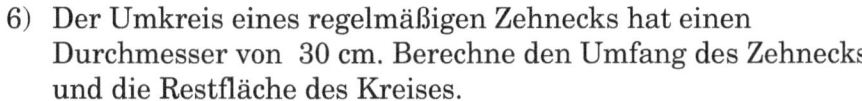

6) Der Umkreis eines regelmäßigen Zehnecks hat einen Durchmesser von 30 cm. Berechne den Umfang des Zehnecks und die Restfläche des Kreises.

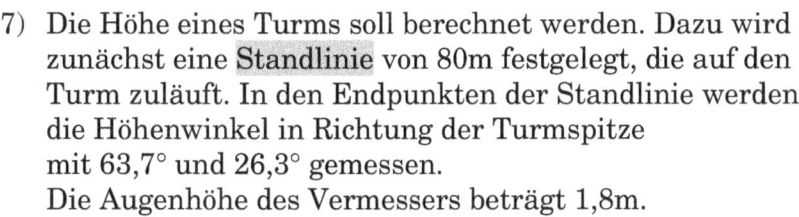

7) Die Höhe eines Turms soll berechnet werden. Dazu wird zunächst eine Standlinie von 80m festgelegt, die auf den Turm zuläuft. In den Endpunkten der Standlinie werden die Höhenwinkel in Richtung der Turmspitze mit 63,7° und 26,3° gemessen.
Die Augenhöhe des Vermessers beträgt 1,8m.

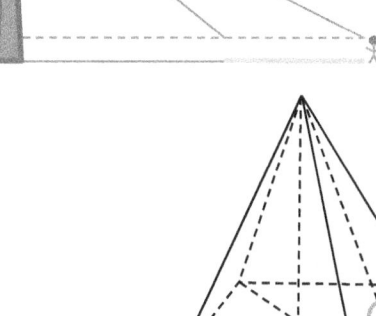

8) Von einer quadratischen Pyramide ist die Grundkante $a = 20\,cm$ und die Höhe $h_p = 35\,cm$ bekannt.
Berechne den Neigungswinkel α der Seitenkanten und der Neigungswinkel β der Seitenflächen gegen die Grundfläche.

9) Lies die zu den Graphen gehörenden Funktionsgleichungen ab.

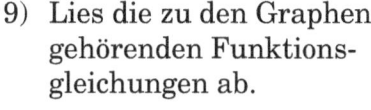
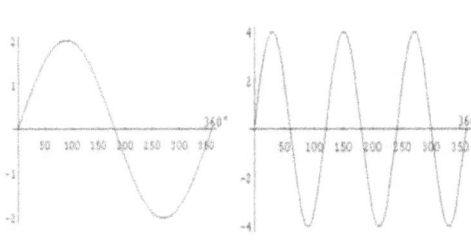

Übungsblatt: Wachstum und Abnahme (1)

1) In der folgenden Tabelle sind die monatlichen Heizölpreise eines Jahres zusammengestellt.

Monat	Jan	Feb	Mrz	Apr	Mai	Jun	Jul	Aug	Sep	Okt	Nov	Dez
Cent/Liter	38	36	35	39	42	46	48	54	58	62	63	68

   a. Bestimme den absoluten und den relativen Zuwachs im Zeitraum Jan. ↔ Jun.
   b. Berechne mit Hilfe der Jan- und Dez.-Preise den Durchschnittswert für den monatlichen absoluten Preiszuwachs.
   c. Zeichne ein Balkendiagramm zur gegebenen Tabelle.

2) Stefan, Thomas und Lisa bekommen zwei Angebote gemacht:
   a. Heute 800€, dann jeden Monat 250€ dazu.
   b. Heute 10€, Verdopplung des Betrages in jedem Monat.

   Stefan wird in 6 Monaten 18 Jahre alt, Thomas in 8 Monaten und Lisa in 10 Monaten. Wenn sie 18 sind können sie über das Geld verfügen.

   i. Lege für die beiden Möglichkeiten eine Wertetabelle an und stelle sie in einem Koordinatensystem dar.
   ii. Gib für die Wachstumsvorgänge die Wachstumsformeln an.
   iii. Für welche Möglichkeit soll sich Stefan entscheiden (Begründe)?
   iv. Für welche Möglichkeit soll sich Thomas entscheiden (Begründe)?
   v. Für welche Möglichkeit soll sich Lisa entscheiden (Begründe)?

3) Eine Kapitalanlage von 5000€ wächst pro Jahr um 2,5%. Gib die Wachstumsformel an, bestimme den Wachstumsfaktor und berechne das Guthaben nach 6 Jahren.

4) Eine Bakterienkultur hat sich in 6 Tagen bei einer täglichen Wachstumsrate von 9% vermehrt und ihren Bestand auf 135000 erhöht. Bestimme Wachstumsfaktor und Bakterienzahl zum Startzeitpunkt.

5) 1994 hatte eine Kapitalanlage einen Bestand von 90000€. 8 Jahre vorher waren es 50000€.
   a) Bestimme den Wachstumsfaktor q.
   b) Zu welchem Zinssatz wurde es in diesem Zeitraum verzinst?
   c) In welchem Jahr ist das Kapital auf 180000€ angewachsen, wenn es wie bisher verzinst wird?

6) Die Erdbevölkerung betrug 1995: 6 Milliarden Menschen. Wann ist die Bevölkerung bei 1,8%-igem Anwachsen pro Jahr auf 12 Milliarden angestiegen?

7) Zeichne das Schaubild der Funktionen $f_{1(x)} = \left(\frac{3}{2}\right)^x$ und $f_{2(x)} = \left(\frac{2}{3}\right)^x$ (Wähle selbst einen geeigneten Maßstab). Was ändert sich im Schaublid durch umkehren des Bruches?

8) Überführe in die logarithmische bzw. in die exponentielle Schreibweise.

   a) $2^6 = 64 \Leftrightarrow$ _____   b) $\log_x 64 = 3$ c) $3^x = 15$ d) $\log_3 81 = x-1$

9) Berechne die folgenden Logarithmen

   a) $\log_2 256 =$ b) $\log_9 729 =$ c) $\log_8 512 =$ d) $\log_2 128$ e) $\log_3 729$ f) $\log_6 1296$

   g) $\log_9 9$ h) $\log_{10} 10000$ i) $\log_{10} 100000$ j) $\log_2 64$ k) $\log_2 32$

Übungsblatt: Wachstum und Abnahme (2)

1. Asien hatte im Jahr 2000 eine Bevölkerung von 3,088 Milliarden Menschen, im Jahr 2010 soll sie bei gleich bleibender Wachtumsrate auf 3,524 Mrd. Menschen angewachsen sein. Berechne Wachtumsfaktor und Wachtumsrate.

2. Zur Diagnose von Schilddrüsenerkrankungen wird Patienten radioaktives Technetium-99 gespritzt. Technetium-99 hat eine Halbwertszeit von 6 Stunden.
    a. Wie viel Prozent der Anfangsmenge sind nach 0,5 (bzw. 1,5) Tagen noch im Körper?
    b. Zeichne einen Graphen zur Abnahme der Radioaktivität im Körper für den entsprechenden Zeitraum.

3. Ein Badesee wurde durch Chemikalien verseucht. Dabei wurde eine Konzentration von 120 ppm (parts per million) gemessen. Die Verunreinigung nimmt jeweils nach fünf Tagen um etwa 15% ab. Der gesundheitlich unbedenkliche Wert liegt bei 10 ppm.
    a. Wann kann der See wieder zum Baden freigegeben werden?
    b. Eine andere Chemikalie baut sich innerhalb von 60 Tagen von 200 ppm auf 50 ppm ab und ist dann gesundheitlich unbedenklich. Berechne die Abnahmerate.

4. Ein Kapital soll nach 10 Jahren auf einen Betrag von 20000 € angewachsen sein. Wie viel Geld muss man bei einem Zinssatz von 3,8 anlegen?

5. Ein radioaktives Präparat ist nach 9 Stunden bei einer Zerfallsrate von 16,37% auf eine Konzentration von 20 ppm zerfallen. Wie hoch war die Konzentration am Anfang und nach 5 Stunden?

6. Ein PKW verliert im ersten Jahr 20 % seines Neuwertes. In den folgenden Jahren verliert er durchschnittlich 8 % seines Zeitwerts. Herr Müller kauft einen Neuwagen für 18000€.

    a. Welchen Wert hatte der PKW nach dem ersten Jahr?
    b. Wie hoch war der Zeitwert nach dem 3. und 4. Jahr?
    c. Nach wie vielen Jahren ist das Auto weniger als 10000€ (8000€ bzw. 5000€) wert?

7. Eine Bakterienkultur umfasst anfangs 50 000 Bakterien. Die Anzahl vergrößert sich alle 20 Minuten um 20 %.
    a) Gib die Wachstumsformel, Wachstumsfaktor und Wachstumsrate an.
    b) Wie viele Bakterien sind es nach 3 Stunden?

8. Nach 70 Tagen ist ein radioaktiver Stoff bei 2,0% täglicher Abnahme auf die Menge 121,56 g zerfallen.
    a) Bestimme die ursprüngliche Menge des Stoffes.
    b) Welche Menge an radioaktiver Substanz war nach 30 Tagen noch übrig?

9. An einem kalten Wintertag stellt Paul seine frisch gekochte Suppe vor das Fenster zum Abkühlen. Die Suppe hatte dabei eine Temperatur von 90°C. Nach 40 Minuten hat sich die Suppe auf 39°C abgekühlt. (Eine exponentielle Temperaturabnahme wird angenommen.)

    a. Welche Temperatur hat die Suppe nach einer Stunde vor dem Fenster?
    b. Wie lange muss Paul warten, bis sich die Suppe auf 16°C abgekühlt hat?
    c. Einen frischen Tee hat Paul ebenfalls vors Fenster gestellt. Beim Herausstellen hatte dieser eine Temperatur von 70°C. Da sich der Tee in einem anderen Gefäß befindet kühlt er aber langsamer ab. Nach 10 Minuten hat er eine Temperatur von 59°C.
    Wie lange muss der Tee vor dem Fenster stehen, bis Suppe und Tee dieselbe Temperatur haben?

Übungsblatt: Wahrscheinlichkeit

1. Ein Glücksrad mit 16 gleich großen Feldern wird gedreht. Es sind vier blaue, fünf grüne und sieben weiße Felder auf den Rad. Bestimme die Wahrscheinlichkeit für die einzelnen Farben.

   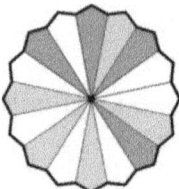

2. In einer Urne liegen elf durchnummerierte Kugeln (①-⑪). Bestimme die Wahrscheinlichkeiten für die folgenden Ereignisse:

    a. Es wird eine ungerade Zahl wird gezogen.
    b. Eine Zahl kleiner als 4 wird gezogen.
    c. Eine Zahl größer als 6 wird gezogen.
    d. Eine einstellige Zahl wird gezogen.

3. Ein Kartenspiel (Skat, 32 Karten) wird gemischt und man zieht anschließend eine Karte.
    a. Wie groß ist die Wahrscheinlichkeit dafür, dass man ein Ass zieht.
    b. Wie groß ist die Wahrscheinlichkeit eine Zahlkarte zu ziehen?
    c. Wie groß ist die Wahrscheinlichkeit die Herz-Dame zu ziehen?

4. In einer Urne sind fünf rote, vier blaue und sechs weiße Kugeln.
    a. Wie groß ist die Wahrscheinlichkeit dafür, dass man eine rote oder eine weiße Kugel zeiht?
    b. Wie groß ist die Wahrscheinlichkeit dafür, dass man keine blaue Kugel zeiht?

5. In einer Urne sind fünf rote, vier blaue Kugeln.
    a. Wie groß ist die Wahrscheinlichkeit dafür, dass man erst eine rote und dann eine blaue Kugel zeiht? (ohne Zurücklegen)
    b. Wie groß ist die Wahrscheinlichkeit dafür, dass man zwei blaue Kugeln zeiht? (ohne Zurücklegen)
    c. Wie groß ist die Wahrscheinlichkeit dafür, dass man erst eine rote und dann eine blaue Kugel zeiht? (mit Zurücklegen)
    d. Wie groß ist die Wahrscheinlichkeit dafür, dass man zwei blaue Kugeln zeiht? (mit Zurücklegen)

6. Ein Kartenspiel (Skat, 32 Karten) wird gemischt und man zieht anschließend eine Karte.
    a. Wie groß ist die Wahrscheinlichkeit dafür, dass man zwei Asse zieht.
    b. Wie groß ist die Wahrscheinlichkeit zwei Zahlkarten zu ziehen?
    c. Wie groß ist die Wahrscheinlichkeit zweimal nicht die Herz-Dame zu ziehen?

7. Beim Lotto 6 aus 49 werden sechs Kugeln (ohne Zurücklegen) aus einer Urne mit 49 durchnummerierten Kugeln gezogen. Bei einem „Tipp" werden sechs Zahlen auf dem Schein angekreuzt.
    a. Wie groß ist die Wahrscheinlichkeit dafür, dass man alle sechs Zahlen richtig hat?
    b. Wie groß ist die Wahrscheinlichkeit dafür, dass man fünf Zahlen richtig hat?
    c. Wie groß ist die Wahrscheinlichkeit dafür, dass man vier Zahlen richtig hat?
    d. Wie groß ist die Wahrscheinlichkeit dafür, dass man drei Zahlen richtig hat?
    e. Wie groß ist die Wahrscheinlichkeit dafür, dass man keine Zahl richtig hat?
    f. Wie viele mögliche Endergebnisse kann eine Ziehung haben?

→ **Lösungsheft zu den Übungsblättern:**

Weitere Skripte: